Jean-Luc Saut

# LE COSMONAUTE

## Sciences appliquées

*Editions Walou*

*Contacts : editionswalou@sfr.fr*

*Hommage à la plus jolie des terriennes, du cosmonaute éperdu dans le bleu du ciel de ses yeux.*

# Préface

Selon Popper, la sélection des hypothèses scientifiques relèverait d'une sélection naturelle identique à celle régissant l'évolution des espèces (voir Charles Darwin). Théorie de la vie et théorie de la connaissance répondraient ainsi d'un même processus de progression par essai et élimination de l'erreur. C'est pourquoi on parle d'épistémologie évolutionniste.

« Je crois personnellement qu'il y a au moins un problème philosophique qui intéresse tous les hommes qui pensent. C'est le problème de la cosmologie : le problème de comprendre le monde, nous-mêmes et notre connaissance en tant qu'elle fait partie du monde. Je crois que toute science est cosmologie et, pour moi, l'intérêt de la philosophie, aussi bien que celui de la science, réside uniquement dans leurs contributions à l'étude du monde. Pour moi en tout cas la philosophie, comme la science, perdraient tout leur attrait si elles devaient renoncer à un effort dans ce sens. »

Ainsi s'exprimait Karl Popper !

Karl Popper (1902-1994) est un philosophe anglo-autrichien, principalement connu pour ses travaux dans le champ de l'épistémologie (du grec ancien ἐπιστήμη / epistêmê « connaissance, science » et λόγος / lógos « discours »)

Voilà quelques semaines déjà que j'ai rejoint mes pénates et pourtant je m'abandonne encore sans complaisance aux joies du confort que la vie ici, même dans un recoin du sud de la France, procure. Je l'apprécie car je sais bien par expérience que cet état de grâce ne dure pas longtemps. Mes voyages sont rares mais à chacun de mes retours je me suis demandé si ce plaisir ne dépassait pas celui du départ et de la découverte ; comme, on imagine, un chercheur de trésor serait comblé par la jouissance de sa trouvaille plus que par sa recherche et sa découverte.

Evidemment les trésors que l'on ramène de voyage étant d'ordre immatériel on en oubliera plus ou moins vite l'éclat pour se contenter de les savoir là, déposés dans un casier de notre mémoire, prêts à se laisser admirer à la moindre sollicitation.

Mais voilà ! Un souvenir particulier déposé bien au chaud parmi tant d'autres, s'il est entretenu avec soin ne disparaîtra pas enseveli ! Au contraire il devient une sorte de repère, de balise dans notre cheminement intérieur.

Et aussi, et c'est là le rôle particulier de tout souvenir, il va influencer notre vision des choses et nous permettre d'évoluer vers un peu plus de compréhension. C'est donc ce phénomène ordinaire qui génère les idées les plus inattendues.

J'étais parti à la recherche de preuves concrètes, d'exemples propres à étayer mon étude sociétale des processus d'élimination sélective et cette recherche m'avait finalement mené jusqu'à un peuple oublié du Sahara, vivante représentation de mes théories ; que j'avais eu d'ailleurs le plaisir de confirmer. Durant cette période d'errance à travers les zones désertiques où les journées semblaient interminables j'avais eu la sensation que cet étirement du temps était on ne peut plus normal, comme la conséquence de l'étirement des perspectives, de l'isolement absolu, de l'immensité désertique. D'autant qu'autour de moi tous paraissaient soumis à la même sensation d'éternité ; autochtones berbères ou touaregs, nomades ou sédentaires, expatriés ou voyageurs croisés. Notre horloge interne s'accorderait-elle avec l'espace ? Comme la taille humaine diminue en cas de surpopulation par exemple ! Un phénomène d'adaptabilité à l'environnement, d'harmonisation.

Mes journées s'enfuyaient, désintégrées par un tas d'activités propres au monde de civilités qui est le nôtre. Dans la cacophonie ambiante j'avais de plus en plus de difficulté à mener à bien le peu d'activités quelque peu ambitieuses que je m'étais fixées. Je m'en faisais souvent le reproche ! Et puis entretenir les relations indispensables qui font vivre la vie, mes enfants avec lesquels il fallait pratiquement prendre rendez-vous à long terme pour partager du temps, mes amis, mes amours que je ne pouvais rencontrer qu'en fonction d'emplois du temps surchargés, à la va-vite, et je peinais à mener à bien l'amas d'écritures qui s'éternisait, prenait la poussière sur mon bureau. Je m'étais déjà reproché à maintes reprises de trop sacrifier pour une œuvre tout en sachant bien qu'elle n'en valait pas la peine et surtout de ne pas pouvoir, pas savoir, faire autrement.

En fait l'œuvre en question m'était apparue bien nettement, je vous en dirai les circonstances, lors d'un premier séjour saharien ; miracle de la voyance ! Comme un vaisseau spatial errant très loin de la Terre et de ses préoccupations. Un filin le reliant à un cosmonaute explorant l'espace -moi en l'occurrence dans l'immensité saharienne- l'auteur explorant son monde et relié à son œuvre par le fil de ses mots, le tout si loin du monde réel qu'il lui apparaît minuscule petite étoile parmi les étoiles.

Et comment expliquer que l'image spatiale, le monde extérieur à nous-même, et à mille lieues du monde cérébral que nous renfermons, puisse le rencontrer sinon qu'en tout point l'infiniment grand et l'infiniment petit sont semblables.

La planète Terre faisant partie d'un univers en expansion permanente à la vitesse de 72 km/s (d'après Hubble) en ce moment, moment ne durant que quelques millénaires car cette vitesse est elle-même en constante accélération. Brr ça donne des frissons ce déchaînement insoupçonnable des éléments ! Donc on peut considérer que notre planète s'éloigne continuellement de ses consœurs, s'isole et perd de son importance dans son monde galactique. Exactement ce qui se passe pour chacun de nous dans notre monde d'humains soumis aux même lois que les autres mondes. Ce phénomène se nomme le collapsus. Du verbe collapser : régresser, s'évanouir, disparaître, rien que des perspectives réjouissantes ! Collapsus global = effondrement mondial, collapsus métallurgique = resserrement des atomes de matière ... et dans notre cas collapsus cérébral = rétrécissement des idées, étroitesse d'esprit, manque de réflexion et disparition de l'imagination etc. Collapsus dû à la surinformation forcenée des médias envahissant la moindre parcelle disponible, à une inflation galopante d'idées nouvelles, de grandes découvertes, de connaissances nouvelles impossibles à assimiler qui nous laissent en plan chacun avec son pauvre bagage d'ignorance crasse s'amenuisant comme peau de chagrin.

En découvrant dans quel pétrin nous étions je découvrais aussi dans quel pétrin je me trouvais puisque l'espèce de vaisseau spatial qui était mon œuvre avait la fâcheuse tendance de dériver libre de toute attache terrestre au gré de mon inspiration donc de m'éloigner à la vitesse de 72 km/s du reste de mes semblables en train, eux, de collapser tranquilles. Personnellement je n'ai pas la prétention de faire de grandes trouvailles au fil de mes travaux ni de révolutionner quoi que ce soit grâce à eux, apporter ma pierre me suffit, mais ayant de là haut une bonne visibilité des quelques uns comme moi qui sont en train de dériver attachés à leurs vaisseaux, je constate qu'ils se font rares en stratosphère. J'aurai au moins découvert ça !

Bien que les moyens techniques perfectionnés comme jamais nous affranchissent facilement de l'attraction terrestre, le résultat n'est pas à la hauteur des espérances. Reste à savoir pourquoi il est toujours aussi difficile de s'extraire de l'attraction terrestre.

Est-ce un effet de la résistance au collapsus qui me fait apprécier plus que jamais de passer du temps en petits et grands plaisirs, des journées entières dans le désœuvrement, à marcher sans but à travers la ville ou la campagne, à caresser sans fin celle que j'aime et qui ne s'en plaint pas quand elle n'est pas appelée ailleurs. L'impression de faire du vélo en roue libre, obligé de freiner pour ne pas se planter dans la gadoue qui s'écoule vers le fond d'une charmante vallée ? Une forme de sagesse !

On peut dire que c'est un effet mais pour être plus exact c'est la résultante qu'oppose aux forces gravitationnelles collaptrices le fait d'être amarré à un vaisseau spatial ; pour garder le parallèle scientifique.

Résultante que j'expérimente et dont je découvre à la réflexion qu'elle est commune à chacun de nous dès qu'il quitte le plancher des vaches et commence à exprimer le fruit de son cheminement vers son propre but, défini ou encore flou soit-il. On peut assimiler ça à l'expérience existentielle aussi, chacun vivant sa vie à sa façon !

Quoi qu'il en soit, le rôle de chacun étant de faire partager aux autres le fruit de son labeur, même s'il s'agit comme dans ce cas d'une simple loi de la nature. Encore faut-il en apporter la démonstration et c'est ce que je tente ici.

Plongez-vous dans le journal du jour et son cortège d'actualités guerrières ; il est facile de constater que celles-ci s'éternisent jusqu'à la banalisation en de nombreux points du globe ; jusqu'à se faire oublier. Uniquement parce que les colossales formations militaires ou paramilitaires du type ONU ou OTAN, créées par l'union des états pour le bien commun, rechignent à intervenir contre le chaos. De même les super puissances genre USA, Europe, Russie, de vraies terreurs ne se hasardent plus à y combattre le mal. Le résultat de cette passivité est de retarder ou même empêcher l'intervention de pays amis qui prendraient le risque de se marginaliser en intervenant. Résultat de ce collapsus les pays les plus faibles ne trouvent d'aide qu'au prix de mille efforts auprès de leurs dits pays amis, ou recourent à l'usage tant décrié en vigueur au siècle dernier de milices de mercenaires. Exemple de la Syrie, du Mali, e.t.c. Les grands astéroïdes que sont les super institutions et les superpuissances gravitent autour de cette Terre leur ayant donné le jour mais devenue incapable d'influer leur course ; jusqu'au jour où elles lui échapperont complètement, à la vitesse expansionniste universelle, et se disperseront dans un beau big-bang. La Terre mère continuera, elle, à émettre vers l'espace ses molécules les plus chargées d'énergie qui reformeront encore et encore divers assemblages en gravitation. Bis repetita !

Voilà pourquoi l'obscurantisme destructeur de mausolées et de bouddhas a de beaux jours devant lui.

Jusqu'où peut aller telle déchéance due à l'accélération des évolutions ? On sait que le monde, étant en expansion et en perpétuelle accélération, un jour arrivera à une limite maximum qui le fera se pulvériser en un nouveau big-bang ou bien le transformera en un de ces trous noirs hantant l'espace inter-galactique. Quoi de préférable entre la peste et le choléra ? Et puis ce ne sont que des théories ! (Slipher, Hubble, Einstein et leurs confrères peuvent se tromper !)

Sauf que dans notre entourage nous avons tous des exemples de pestiférés et autres anéantis laminés par la vie. Sauf que ceux-ci sont de plus en plus nombreux à mesure que le monde se modernise et facilite la vie de tout un chacun ; expansion débridée entre deux mondes, celui des nantis et celui des largués ! Big-bang en vue pour les uns, et collapsus annoncé des autres ? Qu'est-ce donc que le suicide d'un démuni ? Et sans avoir recours à de savantes formules !

On peut rire de tout dit-on mais là le sujet nous dépasse trop, revenons à plus terre à terre et propre à nous amuser lors de discussions de bistrot entre deux verres de bière. Même avec un extrémiste comme mon ami Marc qui en devient parano. Bon je ne ferai pas la démonstration du collapsus qui l'affecte, ce serait pas correct Dr Freud !

Donc digressons sur tout et sur rien, sur les belles promesses de nos politiques, tellement évidentes à réaliser et qui s'avèrent mortes-nées à cause de la complexité du parcours d'obstacles législatif pour y parvenir. Collapsus propre à enfanter par l'expansion du parcours d'obstacles, un big-bang expédiant les dits obstacles ad patres (comme une révolution) ou, par les désillusions engendrées, un trou noir (comme la mise au ghetto d'une partie de la population.) Ca se tient les théories sur l'univers !

Et que dire de cette manie de vouloir légiférer sur tout et traquer les inégalités dans les moindres recoins ? Jusqu'à instaurer un mariage pour tous, institution des plus conventionnelles alors que la population est composée à 90% de marginaux. Collapsus des liens sacrés, voie libre pouvant mener à bride abattue soit au sordide trou noir (excusez-moi du graveleux de l'image mais elle est incontournable !) ou au big-bang de l'explosion des sens. Pour ce qui est de la procréation assistée, j'ai donné l'explication, qui est plus complexe, dans « Les processus d'élimination sélective », elle fut critiquée mais jamais contredite par ceux qu'elle mettait à mal (une preuve supplémentaire de sa justesse !) : les convoiteurs et autre envieux supprimant ainsi les lois égalitaristes de la reproduction pour s'assurer, par une descendance à leur propre image, la pérennité de leurs méfaits. Jusqu'à quand ces petits groupes d'usurpateurs pourront-ils maquiller leurs manipulations inavouables en manifestations de leur modernité ? Jusqu'à une prochaine révolution ! Explication qui n'est pas contradictoire avec la probabilité que ce jeu aboutisse pour les apprentis sorciers à se reproduire par clonage donc à créer un corps atomique homogène, donc stable, donc assez puissant pour capter les particules d'énergie à sa portée. Mais il n'empêche qu'en résulterait aussi le collapsus commun à tout mode de sélection : affaiblissement général d'un groupe d'éléments semblables donc n'interagissant pas entre-eux, donc produisant peu d'énergie.

Bien heureusement, mon amie, comme toute femme amoureuse, possède ce pouvoir de faire perdre le fil de ses idées à un amant ébloui. En l'occurrence, attiré par l'océan bleu de ses yeux je ne réfléchis jamais avant de me détacher de la ligne de vie reliée à mon vaisseau en orbite. Bah ! Il ne s'est rien passé de grave jusqu'à présent, je ne me suis pas encore perdu dans l'espace interstellaire et puis quoi ? Ce serait peut-être pas plus mal comme façon de poser les armes, noyé dans l'océan d'amour de ses yeux. Je me dis même parfois que ce serait tant mieux de ne pas retrouver le filin abandonné qui m'attend sagement au bord de l'océan bleu. N'est-il pas un leurre ce vaisseau à rejoindre péniblement, comme un rescapé repêché dégoulinant et gonflé d'avoir trop bu de cette eau bleue du paradis.

Je ne dirai pas comme certains philosophes que l'amour est une ruse de la nature faite pour engendrer sa descendance ; basique mais sans poésie ! Alors, quitte à se passer de poésie, en accord avec les lois universelles de la nature je dirai de l'amour qu'il est le collapsus ultime des sentiments humains. De tous nos sentiments en expansion continue il est le trou noir qui les concentre sur une même personne en un furieux tumulte. Ou bien, il arrive aussi que la fusion échouant, on les retrouvera redoublant d'énergie vers un proche big-bang. Conclusion : l'hésitation des scientifiques sur le mode terminal de notre univers est impossible à trancher car, comme en amour, les deux fins sont possibles.

Nous savons bien qu'en général le tumulte amoureux est créateur d'être nouveau. Et cela va dans le sens de certaines théories récentes envisageant que les tumultes du genre trous noirs ou puits d'énergie seraient eux aussi créateurs d'énergie, mais sous quelle forme ?
Les lois de la relativité générale décrivent ce phénomène qui donnerait naissance à des fontaines blanches ou trous

blancs mais dont l'existence réelle dans l'univers est encore hypothétique.

Alors pourquoi pas un nouvel ailleurs ?

Même sans le soupçonner à force d'accoutumance, nous avons tous en nous ce besoin de tenir, comme un proche par la main, un filin sur lequel compter, nous reliant au monde d'où nous venons, c'est quasi congénital, un cordon ombilical difficile à couper. En général il nous suit partout sous une forme ou une autre, liaisons téléphoniques par exemple, internet, courrier ou émissions radiotélévisées ; un fil auquel s'agripper, et que l'on peut même secouer éventuellement pour attirer l'attention sur une mauvaise situation.

Comme d'autres je pense, je le découvris vraiment lorsqu'il disparut de mon environnement. Sa présence est tellement naturelle que l'on se sent soudain perdu sans elle, comme un grain de sable au beau milieu du Sahara hermétique aux ondes et autres fréquences et il aura fallu l'immensité désertique et son dénuement pour s'en apercevoir. En toute chose malheur étant bon, comme d'autres avant moi je découvris ainsi la griserie de la libre dérive hors du monde et, surtout, par la même occasion, qu'un autre filin aussi rassurant me reliait à un vaisseau là haut, si haut, spatial, celui de mon obsédante recherche.

N'ayant pas la force de caractère suffisante pour rester arrimé ainsi, ou bien est-ce par amour du risque car même en plein désert donc sans aucun autre filin rassurant, je n'ai jamais hésité à laisser pendre au sol le fil de mes idées pour céder à la moindre tentation. Donc mes sentiments eurent raison plus que de raison de ma raison, amusant !

Mais je vous entretiens depuis trop de temps de mes observations et je ne vous ai pas encore expliqué ce que je suis allé chercher au Sahara dans ce grand espace au dénuement propre au dépaysement. Voilà, ce n'est pas plus compliqué, le goût du voyage et de découvrir les mystérieux habitants des déserts m'a attiré dans ses filets et j'y ai passé quelque temps à aider de pauvres gens à se sentir moins abandonnés par le reste du monde.

A force je m'en rends compte maintenant, le soleil sur mon crâne a fait son effet et, comme d'un alambic l'alcool suinte des fruits en décomposition, quelques filets de clairvoyance ont transpiré. J'imagine que c'est là l'effet recherché par beaucoup de mystiques rencontrés à suivre les traces du père Foucauld autour du Hoggar ou ailleurs. Une expérience unique, que l'on peut qualifier de mystique puisqu'exaltante et dépassant l'entendement, mais je la qualifierai plutôt de transmutation. Grand bien leur fasse, je ne suis pas très proche de Dieu mais je comprends le besoin mystique. Dieu lui sert de support et elle emporte son homme vers les territoires extraterrestres où chacun peut profiter de la quiétude de son petit vaisseau spatial.

J'en ai rencontré quelques uns éblouis de se trouver si petits dans cette immensité et qui louaient la grandeur de Dieu les accueillant dans son immense pureté. Dialogues de sourds entre nous vu que les lois physiques régissant le phénomène du collapsus que je tentais de vérifier leur semblaient de véritables hérésies. Bon évidemment la majesté des lieux se prêtait plus au rapprochement avec les dieux qu'à la physique astrale ; malgré une luminosité des cieux exceptionnelle favorable à l'astronomie.

Cela n'empêchait pas le plus retors de mes interlocuteurs, Matthieu, de manifester la plus expressive vénération à sa jeune compagne.

C'était bien là en fin de compte ce qui nous rapprocha le plus efficacement vu le temps passé à parler de nos compagnes et à comparer leurs qualités respectives. Et même plus que leurs qualités féminines puisque cet homme de Dieu n'avait aucun scrupule à jouir des horreurs païennes qu'il était sensé combattre. Comme je le blâmais sur la manière infâme dont il s'était procuré sa jeune compagne : une vile transaction avec les derniers trafiquants d'esclave de la planète, toujours en activité ici, endroit idéal pour exploiter la misère des migrants attirés par des mondes meilleurs, qui déposaient, de guerre lasse, leur sort entre leurs mains pour un peu de protection. Matthieu, au nom d'apôtre, dont je recueillis les explications confuses, m'expliqua qu'il était tout à son honneur d'aider à survivre une pauvre fille promise au pire sort après s'être enfuie de chez elle. Elle était bien obligée de se cacher tellement chaque clan traquait la moindre parcelle de propriété lui échappant ; humains ou bétail, indistinctement. Avec en prime pour les humains, la promesse d'aller les chercher même sur la lune ! Bon gré mal gré, je ne pouvais que reconnaître son courage et son dévouement d'avoir participé à l'émancipation de la jeune fille. En plus son exemple servirait à ceux et celles qui désespéraient de ne pouvoir se libérer. Chaque échec des guerriers infaillibles lancés sur les traces de fugitifs étant des victoires pour l'émancipation. La jeune fille, dont Matthieu, prudent, taisait le nom, malgré la grande tristesse qu'elle exprimait lui semblait infiniment reconnaissante. Comment tiendrait-il sa promesse de la garder avec lui ?

Au premier jour du monde Dieu créa le verbe ! On était en plein dans ce premier jour ! Le verbe était bien capable de tout expliquer et moi de tout comprendre. Loin du brouhaha des foules Matthieu parlait de sa vie et du destin. J'y vis le collapsus ultime d'un destin parmi les autres, ce souci de voler une miette de bonheur pour une pauvre esclave rebelle. En opposition à l'immensité des foules domestiquées où chacun rêve d'être l'esclave d'un quelconque patron sans chercher d'autre but que, repu et choyé, celui de prendre de l'âge et du poids. Je leur rendais régulièrement visite, leur existence s'éternisait dans ce désert où le temps semblait arrêté. Craignant qu'ils n'y restent ad vitam aeternam j'avais mis au point une combine pour les faire fuir de cette prison sans mur mais ils ne voulurent pas en entendre parler. Tous deux avaient foi en Dieu et en l'avenir, que tout finirait par évoluer. Mon scepticisme face aux possibilités d'évolution de ce monde aux traditions millénaires n'entamait pas leur foi. Elle transformait ces deux grains de sable du désert en rochers entêtés.

J'aspirai un peu de ce thé brûlant que la maîtresse de maison savait faire mousser comme pas deux ; le thé qui évite à la parole de fuser sans réfléchir.

« -Rien ne t'empêchera de revenir une fois ta protégée à l'abri, tu reprendras tes activités sans éveiller le moindre soupçon et tu seras tout à tes ouailles en plus !

-Mais elle est perdue sans moi ! Elle m'a choisi comme son compagnon et elle tient à son choix plus qu'à sa propre vie.

-Ah bon je croyais que tu l'avais achetée !

-Oui mais pour la libérer, à sa prière.

Finalement Matthieu était un brave homme ! Je devenais comme ce thé, trop sucré.

-Soit mais réalise que le temps des missionnaires est révolu ici, va au moins exercer dans une terre plus accueillante, c'est devenu trop dangereux pour insister !

-De tous temps mes semblables ont oeuvré ici et ont pris des risques, sans cela rien ne bougerait jamais.

-Des risques mais tout de même il y a un monde entre les razzias de touaregs affamés et les cortèges de pick-up armés en maraude. Sans aller chercher bien loin on n'a jamais vu les camionnettes Peugeot équipées de mitrailleuses. »

Je ne désespérais pas de le faire céder avec le temps ; quand il croiserait trop souvent de ces pick-up de soldats.

En attendant je continuerai mes petites tournées de soutien humanitaire ; enfin tant que le gouvernement en assurera la sécurité. Je n'étais finalement pas plus raisonnable, moi comptant sur quelques gardiens improbables, que lui sur son dieu. Collapsus que l'ermitage, collapsus face à la multitude fraternité de nos semblables. Trou noir aspirant l'ermite, auréolé de gloire divine, qui se terre comme un rat du désert. Concentration formidable d'énergie comme l'ont démontré Hawking et Bekenstein.   Identique à celle dispersée là haut, si loin par le monde pacifié où brillent les millions d'étoiles d'individus poursuivant leur égoïste but de pure jouissance ; à pleine vitesse vers leur dispersion cosmique.

Trou noir avide d'une énergie qu'il finira par disperser inutilement en halo céleste faute de mieux ; comme un accumulateur chargé d'électricité se décharge même lorsqu'il n'est pas utilisé. Ou, comme il n'est pas prouvé, séduisante hypothèse, en fontaine blanche jaillissant d'un long tunnel intemporel pour inonder d'énergie nouvelle quelque ailleurs mystérieux.

Cette période passée sous une intense douche solaire me révéla que le bombardement atomique dont l'astre roi surchauffait ma pauvre cervelle créait la panique dans sa méthodique organisation, atomique justement. Désorganisation gravitationnelle due à la surchauffe ou bien à son attractive proximité, ou les deux. La panique des structures organisées n'étant que passagère car obéissant aux lois universelles elles tendent à se stabiliser dans une autre organisation et celle-ci va vers leur concentration puisque toute agitation de molécule crée un déséquilibre se stabilisant par l'expulsion des molécules instables devenues gênantes. Un jeu des chaises vides ! Tendance au collapsus, attraction, concentration de matière noire. On comprend maintenant pourquoi ces territoires calcinés, les plus inhospitaliers du monde pourtant, transforment leurs hôtes en esclaves ; qu'ils soient indigènes ou étrangers, et moi compris. Malheur à ceux qui auront abandonné leur filin de vie car sans solide vaisseau où s'arrimer l'attraction est irrésistible.

Je comprenais que sa belle histoire d'amour lui fasse négliger sa vocation, sa raison d'être là et je raisonnais Matthieu sans qu'il m'écoute vraiment. Au contraire il s'amusait beaucoup d'être un cosmonaute libéré de son filin dans ce paysage lunaire. Comment mieux lui expliquer, je n'ai aucune imagination moi !
Tout juste s'il m'avait marmonné entre deux gorgées de thé qu'il y réfléchirait pour une autre fois. La jeune Aïcha, comment ignorer son nom qu'il voulait garder secret mais répétait sans arrêt, m'avait alors offert le plus beau de ses sourires. Ce n'était donc pas elle qui le retenait là bas, quoi qu'il en dise. Avait-il perdu la liaison avec son vaisseau ?

J'avais le sentiment confus d'avoir échoué dans une mission de la plus haute importance en ne ramenant pas Matthieu et sa compagne, ou au moins elle, ce qui l'aurait fait revenir lui, lors de mon retour. J'avais encore plus de souci lorsque je recevais de ses nouvelles et que j'y devinais un total abandon de ses activités d'éducateur. Son commerce avec les nomades se limitait à Aïcha qu'il cachait de plus en plus.
Quand j'en parlais autour de moi comme à l'occasion d'une bière au bistrot ou entre quatre z'yeux en plein nirvana, à ma chérie, je comprenais que l'on ne partageait pas mes  élucubrations scientifiques. De la difficulté de faire entendre la voix de la raison !
« -Excuse-moi Marc mais je n'ai rien inventé là, Kant en parlait et même Platon ou Aristote.

Marc ne me suivait jamais sur les chemins de la découverte, trop occupé à se débattre contre toutes sortes d'agressions dont il se disait victime.

-Je peux plus les supporter et ça finira mal pour eux si je reste ici !

Le genre de propos contre ceux qui ne partageaient pas ses vues. Bah, il se défoulait, pas plus, car il était capable aussi de comprendre le sens des choses.

-Tu l'as perdu depuis longtemps, toi, ton vaisseau ! Tu vas t'épuiser en vaines bagarres, imagine toute cette énergie que tu gaspilles !

-Ben il faut bien que je défende mon point de vue, ne serait-ce que pour l'avenir de mes enfants !

La voilà l'entropie des atomes libres fusant vers l'avenir ! Un beau gâchis.

-Oui tu as raison mais ne prends pas de risque, tu leur ferais du tort car c'est sur toi qu'ils comptent et pas sur le reste du monde. »

Qu'il n'aille pas non plus se désintégrer dans une débauche d'énergie dissipée ! Il fallait quand-même prendre en compte cette composante atomique qu'était la famille, Marc l'exprimait bien.

Après tout les liens familiaux ou spatiaux avec un vaisseau étaient des liens ! Pas besoin d'études supérieures pour comprendre que la petite nébuleuse composée par quelques atomes familialement reliés serait entièrement avalée si l'un d'eux faisait joujou au trou noir. Et en cas d'expansion incontrôlée ? Et bien voilà, sans doute, dans un premier temps les liens s'étireront au maximum puisque l'expansion étire les distances, mais vu l'irréversibilité du phénomène inflationniste, finiront par craquer (faute de craquer, leur distance les rendra inutilisables.)

J'en revenais toujours à la seule bouée de sauvetage, le vaisseau stationnaire. De là haut le cosmonaute est bien placé pour se rendre compte de visu que le monde d'où il vient, sous ses pieds, est devenu infiniment petit alors que le ciel étoilé reste toujours aussi lointain et inaccessible.

Lui-même qui échappe à la gravitation, qui donne à son vaisseau, par la moindre pichenette d'imagination, mille kilomètres de distance, il sait bien que c'est le seul moyen de le protéger car tout corps en orbite autour d'un autre de masse supérieure est progressivement attiré par lui. Quel sort sera le sien, une autre issue entre le collapsus et l'inflation ? Impossible, d'une manière ou d'une autre toute énergie concentrée est appelée à se libérer, cela restreint les possibilités ! La thermodynamique de l'univers est justement universelle !

Bon l'intérêt de nos conversations de bistrot est surtout qu'elles abordent tous les sujets, et pas que les prises de tête du moment. Et aussi qu'elles sont agrémentées du va et vient des jolies passantes libérées de leur cocon ménager le temps de faire leurs courses. Le temps d'assouvir ce besoin social de se frotter aux autres sous quelque prétexte utile. Ce même besoin qui attire depuis la nuit des temps même la plus soumise et voilée des femmes à se fondre dans le grouillement d'un souk ou d'une médina de quartier. La foule comme espace de libération pour l'individu esclave de sa famille dans les sociétés archaïques, autant que pour l'individu des sociétés modernes y savourant la liberté de l'anonymat (sans avoir à se voiler !) Cela n'a pas échappé aux grandes enseignes qui rivalisent donc à créer les souks modernes les plus grands pour y attirer le plus de monde dans le plus grand anonymat.

Dans ce cas on assiste à une concentration à but commercial, exploitation de la gravitation atomique qui commande à chaque particule de la société, à chaque être social, de se stabiliser dans un ensemble cohérent.

Est-ce un collapsus que la concentration de ces individus en un même lieu, assimilable à la formation d'un trou noir ? Je le pense considérant que ce qui différencie les atomes vient de leur constitution, donc pour un acheteur, de la particularité de sa recherche ; la recherche s'appauvrit et se standardise dans les supermarchés (le monopole des marques,) les atomes s'y fondent et s'y confondent, comme le font dans un puits d'énergie les atomes de matière.

Et le phénomène expansionniste se retrouve avec évidence dans le contre effet à l'uniformité des produits proposés : de petites boutiques spécialisées apparaissent, multitude de points de vente atomisant autant les marques que les clients.

Tout le problème vient de ce besoin qu'ont les atomes de se regrouper, si bien exploité par des agents commerciaux scientifiques. Bienheureux les clients des souks qui y trouvent diversité et concentration de produits, diversité et concentration de clients ; une forme de stabilité atomique ! Pour autant que ce soit possible.

Signe des temps ou signe de collapsus, alors que je m'étais fait, à force de recherches et de trouvailles, une réputation de sociologue alors même que depuis Saint Simon on n'avait rien lu de nouveau, c'est dire ! Alors que voilà déblayé le terrain, je me vis entouré d'une génération spontanée de soi-disant sociologues. Appelés à la rescousse pour donner leur avis sur le moindre problème de société, en remplacement des psychologues et analystes de tous poils qui avaient occupé la place jusqu'à présent. J'appellerais ça l'effet entonnoir : le siphonage créé par l'ouverture d'une brèche. L'engouffrement d'une nuée atomique se ruant vers un état de concentration de leurs énergies propres. Et que devenaient les précédents analystes disparus des écrans ? En voilà un résultat de la collapsion : Leur énergie devrait se dissiper peu à peu contribuant au halo cosmique comme toute énergie s'échappant d'un trou noir ou, au mieux, se répandre sous d'autres cieux.

Et comment me situer puisque j'étais évidemment le premier concerné par ce tournoiement ?

Si le puits d'énergie m'avait épargné c'est que je n'étais pas compatible.

Théorie des liens atomiques : les liens que j'avais tissés autour de moi formaient une structure assez lourde pour échapper à cette première aspiration gravitationnelle.

Théorie du filin et du vaisseau gravitationnel : n'étant pas rattaché à la gente sociologue mais à un vaisseau d'exploration, cette structure était autonome dans sa trajectoire.

Bah ! C'est sans importance le tout étant de continuer à graviter loin des idées reçues. Disons que je fais des expériences, que j'explore.

Le bon côté des choses étant la situation de mes ouvrages, liée à celle des librairies : la plupart, proposant des livres identiques, formaient un magma uniforme au rayonnement littéraire fossile. D'autres, plus complexes luttaient contre l'attraction gravitationnelle et, s'affaiblissant, laissaient échapper en un panache éblouissant les éléments livres instables qui gênaient leur collapsus. Ils finiraient donc d'une façon ou d'une autre à libérer leur énergie !

Rappelons que la vitesse de libération nécessaire à une particule pour s'extraire d'un trou noir est supérieure à 300 000 km/s ; imaginez la vitalité de ces éléments instables !

Ces éléments libérés se retrouvaient alors propulsés par une poussée d'énergie vers ce cosmos que représente le monde virtuel d'internet ; ouf ! Elles ne seront pas réduites au néant. Les oeuvres aussi obéissent aux lois universelles !

Si je comprends un peu ces lois je me trouverais donc plutôt en expansion, du point de vue littéraire s'entend. Surprenant comparé à la fixité de mon vaisseau en orbite ! Sauf à considérer mes livres comme autant d'atomes échappant à son emprise statique.

Autre rappel : la vitesse de libération nécessaire à une particule pour quitter la terre est de 11,2 km/s. Donc mon vaisseau contient 30 000 fois moins d'énergie que le moindre livre qu'il projette. Après tout rien de plus libre et incontrôlable qu'un livre une fois dans la nature ; un peu comme un enfant mis au monde ! Les systèmes, en plus d'être identiques, sont bien tous liés !

Les lettres de Matthieu m'apprenaient comment le désert devenait le terrain de jeu de tous les groupes armés dispersés à coups de bombes des champs de bataille des pays soulevés du nord. Entre nous et autour d'un thé brûlant je lui aurai bien comparé ça à une explosion solaire ou autre expulsion d'atomes instables, ça nous aurait amusé un moment. Ensuite il se serait moqué de mon imagination et de ma sale manie de ne voir que le mauvais côté des choses car, immanquablement je lui aurai prouvé que l'on assistait là au collapsus d'une grande religion épuisée d'avoir trop longtemps diffusé ses lumières. C'est bien par crainte des violences et de l'anéantissement que les populations observent soudain avec zèle les préceptes religieux. C'est bien les nier, les réduire au néant que d'effacer, détruire leurs lieux saints, couper leurs racines sous leurs yeux et sous leurs applaudissements forcés. On peut leur en parler car on a connu ça en Europe, la terreur sous toutes ses formes : inquisition religieuse, révolution du peuple, fascisme, nazisme, stalinisme, etc. La terreur toujours portée par un grand élan populaire. Ce comportement servile n'est pas une bassesse humaine pour rester en vie, comme il est couramment admis, mais simplement l'expression qu'un système en collapsus entraîne dans sa chute vers le trou noir la majorité des particules en gravitation autour de lui, évidemment les plus légères, les plus humbles en premier. A l'échelle humaine le puits d'énergie astral devient un puits de sang. Peu à peu son énergie se dispersera non pas en halo mais en sanglots. Sous quelle forme pourrait-il resurgir ? On peut imaginer que ces victimes appartenant à un groupe bien défini vont le recréer ailleurs, au bout du tunnel. N'était-ce pas déjà un de ces tunnels qu'emprunta le peuple hébreu pour traverser la mer rouge ? Ce tunnel rudimentaire formé par la séparation des flots les transporta du trou noir désert égyptien vers le trou blanc de la terre promise d'Israël, le pays de Canaan. Tunnel que ne purent emprunter les armées de Pharaon, pourquoi ? Incompatibilité des éléments ! De la physique toute simple !

C'est beau l'expérience, ça nous évite de recommencer les mêmes erreurs, nous ne serons plus les dindons de la farce ! Promis juré, mais cela n'arrête pas la course des planètes et donc d'autres nébuleuses se contracteront en autant de trous noirs ; difficile d'y échapper. Comme pour nos amis africains.

Ce qui me révoltait dans le cas était que Matthieu, étranger à cette religion, puisse en faire les frais. Théoriquement le risque venait de son lien avec Aïcha qui était, elle, assimilable. Mais théoriquement le corps formé par leurs deux éléments devenait plus lourd donc plus autonome.

On peut faire aveuglément confiance aux principes physiques mais encore faut-il les maîtriser, ce que je suis loin de savoir faire. En attendant je tenterai encore de rapatrier mes amis.

Dommage pour l'Islam qu'il précipite ainsi sa chute mais il s'en remettra comme s'en est remise la religion catholique, grâce à de nouvelles énergies orientées vers l'expansion. Le progrès social est une expansion.

Une expansion dont l'âge d'or survient quand, une fois les règles assimilées, elles peuvent être appliquées pour le plus grand bien du plus grand nombre. Le seul défaut lié à l'accélération de la vitesse d'expansion des connaissances étant que les spécialistes capables de les comprendre et de les utiliser se raréfient et peinent à suivre ce rythme. Conséquence, on les retrouve s'excusant de s'être trompé d'une queue de cerise dans la formule à appliquer aux économies en collapsus (la Grecque pour ne nommer que la plus impactée.) Conséquence : une chute accélérée vers le collapsus, en ce cas un trou noir véritable tonneau des Danaïdes. Conclusion : il est très difficile d'échapper à un trou noir devenu trop puissant (comme une crise financière.) Et dont on n'imagine pas quelle peut être la fontaine blanche ! Economistes, c'est à vous de le dire !

On s'aperçoit que les sciences humaines, dont on peut considérer concerner les religions, agissent avec plus d'efficacité au collapsus de leurs mauvais élèves que ne le font les sciences physiques pour l'éviter aux leurs. Malheureusement la composante des deux actions va donc dans le même sens favorable au collapsus des systèmes quand ils deviennent incontrôlables.

Fruit de nombreuses discussions de bistrot avec Marc ou avec d'autres. Autour d'une bière ou en prenant un café quand chacun y va de sa théorie. Si loin du thé brûlant versé attentivement de toute la hauteur de son bras gracieusement tendu, quand les yeux d'Aïcha se troublent des conversations autant que des vapeurs de thé.

J'avais prolongé mon séjour saharien en m'occupant comme un simple touriste, avec la volonté d'en savoir un peu plus sur les grandes figures de la résistance aux invasions arabes. Surtout des femmes, surprenant quand on connaît la nature habituellement masculine de la résistance en général. Elles marquaient encore les esprits de cette société où la transmission du savoir se fait oralement. J'en avais été assez admiratif les ayant découvertes au cours de discussions (souvent autour du thé,) tellement vivantes ; les récits de leurs exploits captivaient toutes les générations et leurs soirées familiales s'éternisaient.

Et justement, à l'époque, je m'intéressais aux grandes figures féminines car je traitais la composante importante que constituaient les femmes dans l'évolution. Ceci expliquant cela, à force de leur courir après, le désert favorisant la réflexion sur le cosmos, j'en étais arrivé à les intégrer au grand système universel.

Matthieu n'adhérait pas, bien sûr, à cette vue de l'esprit et me laissait divaguer sur le rôle météorique des femmes en haussant les épaules. J'avais dû en énumérer quelques unes car Aïcha me questionna sur l'histoire de Tin-Hinan, la reine des Touareg et je m'aperçus vite qu'elle en savait plus que moi à son sujet ; cela nous fit discuter des heures. Elle exprima son désir d'en visiter le tombeau présumé à Abalessa. Matthieu s'étant laissé convaincre par les grands yeux suppliants (comment résister ?) Nous voilà prêts à partir mais appréhendant d'être repérés loin de notre secteur habituel. Aïcha, qui avait beaucoup parcouru le Hoggar nous rassura sur l'absence de danger. Il suffisait d'éviter les mauvaises rencontres, de faire un détour si l'on approchait un endroit trop fréquenté et de chercher un autre passage. Des provisions conséquentes entassées dans la Peugeot de Matthieu nous permettraient de prendre notre temps. Elle nous avait convaincus et nous en étions ravis tellement elle nous étonnait par sa faculté de trouver des abris rocheux pour la nuit et d'en déchiffrer les signes gravés indiquant depuis l'antiquité quelle direction suivre pour éviter de se perdre loin des points d'eau. Journées magiques à errer entre les paysages grandioses et les vestiges mystérieux, charmés par le pouvoir de séduction d'Aïcha ; si fragile, gracieuse et souriante qu'elle était, le moindre berger rencontré lui confiait sans retenue des trésors de légendes locales, charmé tout autant que nous. Et le soir autour du feu, à boire le thé tout en essayant de se repérer aux étoiles, je les notais scrupuleusement sous sa dictée. Emotion le jour où nous fûmes surpris par un véhicule de guérilleros hirsutes en retour de Libye. Ils cherchaient refuge vers le Sahel, certains en étaient des nomades mais d'autres y allaient pour se regrouper et tous avaient un peu paniqué à notre rencontre, la hantise de croiser une patrouille algérienne qui n'en ferait qu'une bouchée ! Quid d'eux ou de nous eut le plus peur ? Le charme d'Aïcha aidant ils se civilisèrent et firent des efforts surhumains pour ne pas paraître complètement ignorants de la glorieuse ancêtre que nous allions visiter. Et sur notre promesse de les oublier ils disparurent rapidement entre les dunes. Emotion encore, peu de temps après, à visiter la dernière demeure de la grande reine, toute imprégnée de sa présence éternelle ; et surprise d'y rencontrer un des passagers guérilleros en pleine extase contemplative. Un vrai bédouin à présent, le burnous lui allait mieux que le treillis militaire et son salut amical nous le rendit sympathique.

« -Vous voyez comme il lui manquait juste un idéal à se découvrir ; j'espère qu'il s'accrochera bien à cette bouée de sauvetage !
Matthieu ne fut pas de mon avis.
-C'est plutôt qu'on lui a fourni une bonne raison pour faire du tourisme ici et qu'il en rajoute pour se faire oublier !
Aïcha avait un avis différent, elle nous expliqua que les berbères ne connaissaient en matière de guerres que de rares expéditions de razzia pétaradantes de coups de feu tirés en l'air et que celui-ci aura eu la peur de sa vie en Libye.

-En plus le gardien n'est pas idiot et a repéré son manège. Il ne dira rien. »

Un électron dont nous avions dévié la course, attractivité des énergies complémentaires ! Nous avions tellement apprécié cette escapade que sitôt rentrés au foyer et dès que l'emploi du temps de Matthieu le permettait, nous partions sur les traces d'autres grandes héroïnes locales : Bent El-Khass, une fameuse guerrière de grande beauté ayant su protéger, elle et sa tribu, des convoitises tant masculines qu'hégémoniques sans oublier la grande résistante aux invasions musulmanes, la mythique Kahéna dont la trace a été perdue. Seulement quelques lieux présumés de batailles à visiter.

J'en avais tiré des conclusions sur la relativité des lois de l'univers et m'étais mis à construire le vaisseau spatial auquel je n'allais pas tarder à m'arrimer. Il me permettrait dorénavant d'échapper à la force attractive de ces lieux qui avait englouti tellement d'armées, romaines, byzantines, perses, arabes, européennes, collapsées dans le néant du désert. Ne restait d'eux que misérables ruines de bastions et récits héroïques. Réduits au néant aussi les grandes figures mystiques des ermites tentant de sauver le monde en expiant ses pêchés ainsi que les leurs par la même occasion. L'immensité immobile du désert avait tout fossilisé, pêle-mêle avec les coquillages le jonchant. Ses nomades momifiés en étaient la mémoire endémique, l'énergie fossile justement, celle qui se dégage des trous noirs et finit par les consumer, à la manière des piles électriques surchargées quand elles ne sont plus utilisées. Les grandes invasions génératrices d'énergie se faisant rares, l'immense trou noir ne parvient plus à assouvir ses appétits, survivant anémié des quelques bandes de pillards qui s'y aventurent et de rares ermites comme mon ami. Donc son bilan énergétique, donnons un peu de sens aux termes à la mode en les utilisant à bon escient ! Est négatif, un puits d'énergie en train d'être comblé par la multitude des grains de sable du désert.

Je ne manquais jamais d'informer mes amis de mes réflexions, j'espérais qu'ils s'en imprègneraient et s'en serviraient pour leur avenir. Mais nul n'est prophète en son pays ! Et encore moins chez ses amis. Résultat : mes recoupements me servirent surtout à renforcer le lien de travail m'unissant à mon vaisseau tout neuf de même que l'espoir de les convaincre un jour.


Aujourd'hui j'avais appris que mon filin de survie, indispensable au Sahara, l'est tout autant en ville. Maintenu solidement à mon vaisseau je n'avais rien à craindre de l'effet collapteur engendré par densité sociale ; car la foule et la multitude engendrent une globalisation touchant aussi bien les modes de vie que les modes de pensée. On appelle ça l'intelligence collective chez les abeilles ou les fourmis, ou encore l'organisation atomique pour ce qui est infiniment plus petit. L'homme est un corps constitué d'atomes et donc soumis aux mêmes lois que les atomes. Comme une abeille, un rat, un loup ou une fourmi. C'est plus flagrant chez certains groupes d'animaux, de végétaux, ou d'humains mais c'est un fonds commun.

L'individu citadin, comme Marc qui ne s'identifiait pas à ses voisins, y usait son énergie, non pas inutilement puisqu'elle se répandait autour de lui, attirant quelques proches éléments apparentés ; groupés ils pouvaient arriver à former un sous ensemble de l'ensemble des citadins. Si on est d'accord pour considérer la cité comme un collapsus des idées, on est d'accord pour considérer que l'énergie dispersée par ces agglomérats d'atomes singuliers, comme le groupe de Marc, représente l'énergie fossile émise par les trous noirs. Celle qui finit par les anéantir. Cela signifie aussi que l'ensemble d'un trou noir est composé d'une somme incalculable de groupuscules d'atomes. Les plus importants émettant le plus d'énergie et vice-versa. Il faudra que je renouvelle à Marc mes conseils de prudence ; qu'il se dépêche de se construire un vaisseau capable de le maintenir à flot et doté d'un solide filin !

Bien que je prodiguais largement à Marc mes conseils éclairés, je ne les respectais pas tellement pour moi-même. Je passais de longues semaines, voire de longs mois, à batifoler loin du filin de mes travaux. Ah ! La douceur de me laisser vivre, douillettement choyé par ma compagne attentive. J'en oubliais complètement les plaisirs de l'écriture, non pas par manque d'inspiration car, la complicité des corps s'accompagnant de la complicité des esprits, s'ouvraient maintes voies à explorer où je me perdais avec plaisir, lui disant souvent que le temps passé à l'amour semblait une pause dans la course du temps, une avance que l'éternité nous accordait. On s'évade du monde me disait-elle. Par la petite porte je lui répondais. Mais plus sérieusement je lui expliquais aussi le principe de l'union atomique ; après tout nous n'étions que des atomes humains, et quand deux atomes s'unissent leur course expansionniste se ralentit puisqu'ils forment un corps complexe plus lourd. De là à arrêter leur course, il leur faudrait devenir assez lourds pour aller se fixer en orbite autour de quelque autre ; mais je vais y réfléchir lui disais-je.

Comment sans la vexer lui expliquer que nous subissions l'effet collapsus en tant que petit groupe libre de toute entrave. Car le fait est que si j'avais largué mon amarre pour elle, elle larguait aussi les siennes pour moi. Un corps composé, même plus lourd qu'un corps simple, quand il est libéré de ses entraves anti-attraction terrestre, et durant le temps qu'il va mettre à s'en construire d'autres communes à ses atomes le composant, est comme un bateau ivre et plonge ver le gouffre d'énergie sociétal. Un peu la figure acrobatique de deux trapézistes qui seraient obligés de lâcher leurs trapèzes respectifs pour se réunir. Soit ils tombent une fois réunis, vers le filet trou noir, soit ils s'accrochent à un nouveau trapèze accessible et assez solide pour les deux. Pas gagné !

Je disais donc que j'avais trop tendance à abandonner mon travail de chercheur pour céder aux charmes de l'existence en bon épicurien que je devenais en prenant de l'âge. Quel sens scientifique cela révélait-il ? Je voyais bien le dilemme : mon vaisseau laissé à l'abandon, dont je ne rétablissais souvent l'orbite qu'au dernier moment, soit s'écraserait au sol, soit se perdrait dans le cosmos. Je découvrais que ce serait plus grave pour moi que pour lui car je n'avais, moi, aucune chance de me perdre dans le cosmos ! Lui, d'une manière ou d'une autre son énergie ne serait pas perdue ; simplement plus ou moins bien employée suivant qu'elle alimenterait le tonneau des Danaïdes terrien ou qu'elle éclairerait le ciel. Le problème c'est qu'il s'agissait de mon énergie, entreposée à force de travail. J'allais donc me retrouver fort démuni séparé de lui. Tout ce travail parti en fumée ! Humainement je ne pouvais l'accepter et donc je me résolus à continuer ma tâche avec assiduité. Résolution plus facile à prendre qu'à tenir quand l'habitude du travail est perdue et que le filin n'est plus là où on croyait l'avoir laissé. Un bon moment d'angoisse !
Pour le coup je découvris ce qu'était vraiment l'équilibrisme ! Et croyez-le ou pas mais c'est une bonne façon de vivre ; un temps pour chaque chose, les plaisirs simples prennent des airs de récompenses quand l'heure vient d'interrompre un bel ouvrage pour se détendre l'esprit sans se poser la question du pourquoi et du comment, comme le travail devient une corvée agréable justifiant les plaisirs. Rien d'original n'est-ce pas ?

Simple équilibre de valeurs entre masses atomiques de l'énergie fournie au collapsus, celle qui nous plaque au sol, et de l'énergie fournie au projet idéal qui nous propulse vers les étoiles. L'homme étant un corps simple soumis à des forces simples, il lui suffit de respecter quelques bases de physique pour bien s'en sortir.

Le problème des écrivains c'est qu'ils ont toujours une réponse, justement, aux problèmes qu'ils se posent. Vous avez remarqué que je ne m'en prive pas mais j'ai l'honnêteté de chercher à prouver scientifiquement mes solutions, ou du moins mes dissertations. L'autre problème, c'est que du côté de la physique et des mathématiques, de l'astrologie et des sciences, tout demande à être prouvé et que l'avancée des connaissances ne le permet pas. Je dois donc composer avec les deux en espérant que les sciences confirmeront un jour mes dires.

Des informations me parvenaient de l'au-delà comme je commençais à considérer le coin de désert algérien où Matthieu et sa protégée filaient le parfait amour. J'en avais pris mon parti, mon ami ne demandait rien d'autre à la vie et se foutait comme de sa première vérole d'expatrié de mes conseils avisés.

Mais non il ne risquait rien à faire son job d'éducateur, pas plus qu'Aïcha la fugitive, on rencontrait plus de combattants djihadistes dans les journaux télévisés qu'au milieu du désert m'assurait-il. Pourtant nous en avions croisé lors de nos excursions culturelles et ils nous avaient même interrogés sur nos activités respectives. Heureusement que ceux-là n'étaient pas obtus au point d'ignorer le glorieux passé de leurs grand-mères et arrières. Déstabilisés un moment ils n'avaient rien trouvé à redire. Mais aujourd'hui, réagiraient-ils pareillement alors que les grandes puissances leur menaient la vie dure ? Après avoir abandonné, exsangue, leur dépouille libyenne ils allaient chercher d'autres proies. Je le dis à Matthieu, les parasites ne disparaissent pas, lorsqu'ils ont tué la bête colonisée ils en cherchent une autre. Le sang attire le sang. Les particules d'énergie qui n'ont pas été absorbées lors du collapsus libyen voyagent librement maintenant, leur faible masse atomique en fait les proies idéales d'un prochain trou noir en formation.

Ceux là traversent votre région, tâchez de ne pas attirer leur convoitise !

J'entendis son rire malgré les trois mille kilomètres !

C'était plus facile de faire du trapèze volant ici entre mes amis avec qui s'embrouiller l'esprit à tergiverser sur les actualités et les moments de tendresse à partager avec ma chérie. Et hop ! Ne pas perdre de vue le filin que je tricotais patiemment et, à la moindre occasion, l'empoigner et me hisser jusqu'au vaisseau solitaire. J'y jouissais d'une vue d'ensemble à donner le vertige, plus le vaisseau est haut et plus la vision est complète. Plus j'échafaudais mes théories et plus elles englobaient le monde. Voler est le vieux rêve de l'homme. Icare l'a réalisé, s'aventurant trop près du Soleil, la cire de ses ailes a fondu. Icare a pu s'envoler puisque attiré par le Soleil, le Soleil représentait son vaisseau de connaissances et Icare nous a prévenu du danger de traquer notre vérité quand on a découvert sa piste et qu'on la suit. A ce moment son pouvoir d'attraction hautement énergétique devient supérieur à l'apesanteur et faute de solide lien terrestre l'atome homme va s'y précipiter. Le trapèze est un art difficile ! Et pour rester en vie le trapéziste a assimilé les grands principes cosmiques. Comme l'écrivain le chercheur ou le passionné (que ce soit de la vie, d'art ou d'amour etc.)

J'appris aussi que, tandis que mes travaux avançaient laborieusement, Aïcha, qui s'était prise de passion pour le glorieux passé de ses ancêtres, devenait incollable à leur sujet. Matthieu me félicitait de lui avoir montré cette voie lors de nos expéditions. Il ne la reconnaissait plus ! Je sentais poindre un brin d'amertume dans ses propos : ses journées d'école étaient pénibles. Ah qu'il était loin le temps de la découverte exaltante des esprits rebelles à cultiver ! Et Aïcha voletait comme un papillon autour de ses trouvailles, écumant les sites et traquant les moindres contes et légendes des tribus. Elle débordait d'énergie et Matthieu m'avoua même qu'il comprenait mieux ce que j'avais voulu lui expliquer quand je lui parlais de vaisseau spatial. Elle vivait sur une autre planète et lui se voyait rétrécir face à sa compagne voltigeant si haut, si légèrement.

Je profitai de ses bonnes dispositions pour lui rappeler un peu plus de mes théories, que finalement leur couple serait sauvé ou du moins renforcé par ce puissant vaisseau auquel elle s'était arrimée et qu'elle alimentait de sa source d'énergie ; en orbite alors que lui s'épuisait à disperser son énergie en pluie, sans compter, à une jeunesse insatiable, comme s'il arrosait le sable du désert pour en faire un jardin. Louable intention mais qui, je le craignais l'attirait fort près d'un puits d'énergie sans fond, d'un trou noir. Et s'il n'y disparaissait pas un jour, il le devrait au lien qui les unissait et surtout au lien qui reliait Aïcha désormais à son vaisseau, fruit de mon imagination comme il disait. Je le sentis presque convaincu.

Ah ! Je dois vous préciser que nous communiquions maintenant par Internet. Depuis peu le réseau couvrait sa zone et il n'avait plus à se déplacer discrètement vers les installations gazières pour le capter. Encore une fois sauvé (car il prenait des risques certains à ces va-et-vient pour contacter son organisme,) sauvé par ce progrès qu'il avait vite fait de critiquer à la moindre occasion. Cela nous permit de rétablir le fil de nos conversations. Magie de l'avalanche d'effets que provoque un progrès technique : aussi utile à envoyer des rapports urgents à une lointaine secrétaire qui brûle d'impatience de quitter son bureau pour aller faire les magasins, qu'utile à resserrer des liens d'amitié à l'autre bout du monde. Démonstration du principe universel du collapsus quand même la technologie y participe : réduction des distances et des obstacles, les atomes humains peuvent rejoindre sans difficulté leurs centres d'intérêt, les centres d'intérêt attirant le plus d'humains n'étant pas, vous vous en doutez bien, les plus constructifs ou porteurs d'évolution mais plutôt ceux qui les amusent et les endorment ; la quantité d'énergie ainsi captée amplifie leur pouvoir attractif et de plus en plus d'atomes humains se trouvent aspirés par cette nouvelle version de trou noir. De même cette technologie médiatique met en évidence une de ses actions positives : les atomes regroupés autour des centres d'intérêt attractifs forment eux aussi des corps assez lourds pour ne pas subir l'attraction et capter eux aussi les atomes à proximité. Leur nature constructive favorisant la réaction des atomes entre eux, les plus énergétiques seront alors expulsés vers le cosmos, y rejoignant ou y créant d'autres formations atomiques plus compatibles.

Lutte d'influence où l'on observe avec tristesse que pour le plus grand nombre, le corps lourd formé par agglomération de leurs énergies, devient leur propre trou noir.

Pour mon cas comme pour beaucoup d'autres, il ne s'agissait que de continuer à maintenir une proximité entre amis.

Je découvrais avec plaisir une Aïcha que n'obsédait plus du tout son passé de fugitive, elle avouait elle-même avoir été un brin parano et que ça avait bien convenu à Matthieu amoureux de sa vie d'ermite.

Il n'émettait aucune objection à ce qu'elle se consacre à sa nouvelle passion tant que cela ne perturbait pas leur existence, disait-il. Elle s'était créée un blog internet où elle exposait ses recherches qui lui attiraient de nombreux commentaires ; grâce à lui elle avait acquis une certaine reconnaissance de ses travaux, les échanges d'informations avec des historiens et autres gardiens de la mémoire en témoignaient.

Elle avait l'avantage de vivre au centre d'un immense terrain de fouilles, de savoir interpréter -comme j'en avais eu la démonstration quand nous faisions du camping rupestre à la recherche de la Kahena- le moindre graffiti sur un rocher, de parler le hassanien et quelques dialectes berbères au gré de ses rencontres et de faire mousser le thé de façon charmante, argument décisif pour percer les secrets tribaux.

Matthieu aurait voulu la garder toute pour lui mais elle était sollicitée par son groupe de travail et devait parfois se déplacer aux quatre coins du pays pour visiter de nouvelles découvertes ou assister quelque congrès de sa présence éclairée.

La voila bien arrimée à un vaisseau qui devenait assez conséquent pour se créer de nouvelles attaches avec d'autres. Bon sang ! Elle était partie pour devenir capitaine du vaisseau amiral d'une flottille de satellites !

Je voyais de loin Matthieu se collapser dans son œuvre quotidienne, luttant contre la stérilité des êtres et des lieux, un Don Quichotte bravant des moulins à vent pour une dulcinée devenue étrangère à ses idéaux d'héroïque solitude. Il redoublait d'efforts auprès de ses élèves, se cramponnait à leurs racines terrestres, s'épuisait à maintenir à la fois ses liens avec eux et sa belle. Ainsi tiraillé, mais le lien amoureux étant le plus fort, il accompagnait Aïcha autant que possible dans ses déplacements, reprenant son rôle oublié d'indispensable partenaire ; mais l'illusion ne durait pas et Aïcha, la seule encore convaincue, se désolait de ses lacunes. Est-ce ainsi que naissent les trous noirs, un atome défaillant capterait dans son entourage l'énergie nécessaire à sa stabilisation, qu'il disperserait ensuite en stériles émissions ? Mais un trou noir est autonome et pour disperser son énergie Matthieu a besoin des liens avec ses élèves ; donc vu qu'il lui est impossible de les emmener avec lui lors de ses expéditions culturelles, il est logique que les liens en question, une fois rétablis à son retour la lui siphonnent, alimentant directement le trou noir saharien. Bon ce genre de transfert étant sûrement le lot de chacun des éléments attirés par le vaisseau Aïcha, et celui-ci se maintenant toujours en orbite, les atomes défaillants ne consommeraient pas autant d'énergie que je le craignais. Sans doute un simple rayonnement ambiant.

A voir le peu de vélocité de mes propres travaux, je jugeai que le vaisseau spatial de la cosmonaute Aïcha à force de trop capter mon intérêt perturberait bientôt l'orbite du mien. Je m'étais étonné, au début de mon exploration spatiale, de ne pas trouver grand nombre de vaisseaux à proximité mais la logique de l'équilibre spatial fait que leurs orbites se décalent s'ils se rapprochent trop, comme je venais d'en faire l'expérience avec Aïcha. Le moins lourd s'écartant pour ne pas être heurté, par un léger rapprochement vers la Terre, favorisant le collapsus, impliquant un regain d'énergie pour l'éviter, entraînant une expansion à terme de l'ensemble satellitaire.

Je rétablis donc le mien pour lui éviter de s'écraser, un bon coup de collier et je pourrai reprendre ma mauvaise habitude de l'abandonner quelque temps en position stationnaire, mon lien de vie traînant pas très loin de mes déambulations profanes. Oui car il m'était impossible de résister longtemps à ce repos du guerrier qui est la sage récompense de toute tâche, altruiste ou non, mais utile aux autres.

A la différence de Matthieu je ne m'épuisai pas à tenter de fertiliser le désert mais simplement à maintenir la cohésion de mon petit groupe social ; ce qui demandait mille fois moins d'énergie. Et me laissait tout loisir de stocker matière à production future. De la pure magie, exploiter un filon d'or pour l'expédier vers un vaisseau et puis un jour admirer la pluie d'étoiles qu'il larguera. Sous quelle forme d'étoiles retombera-t-il sur Terre ? Cet or une fois employé, s'il y retombe un jour !

Notre mode de vie permet de jouir de son travail sans problème, et même de ne plus du tout se casser la tête à travailler passé un certain âge. Je n'allais pas aller contre mais à la réflexion rien n'est plus efficacement obtenu, justement que ce qui n'est pas rendu obligatoire. Où trouver plus de travailleurs blanchis sous le harnais qu'ici même où la condition ouvrière est la moins pire qu'ailleurs ? Un subtil glissement a donné au travail rang social, il tient lieu de groupe familial, de tribu, une micro vie dans l'entreprise où l'employé se croit chez lui. Pourquoi je viens sur ce terrain ? Parce que j'étudie aussi le collapsus en sociologue et, à présent que j'ai parcouru un bon bout de chemin dans une société qui m'en a donné l'idée, l'envie et les moyens, il est naturel que je cherche à savoir pourquoi. Oui je sais, la formule peut servir à tout et à son contraire ; servez-vous-en à votre endroit, je vous le permets, mais pour moi elle me sert à ça.

Le collapsus concentre les énergies productives pour faire tourner une usine par exemple. Mais pas que ! Car constatez que l'employé, après lui avoir dédié une vie de labeur, une fois débarrassé de ses obligations, une fois éjecté de l'industrieux regroupement d'énergies, l'employé fatigué recherche souvent une nouvelle activité en usine, moins pénible. Est-il en état de manque du don de son énergie, comme peut l'être le donneur de sang ? Plus exactement, le peu d'énergie qu'il conserve ne suffit pas à le maintenir hors du champ d'attraction de cette usine insatiable qui finira par l'engloutir. L'usine redistribue l'énergie des atomes humains sous une autre forme d'énergie utile à la société. On ne peut pas dire que ce soit réellement un trou noir, plutôt un canon à énergie. Un canon pouvant aussi imploser s'il est mal conçu.

Comme l'ont mal conçu les pires régimes autoritaires qui, visant un rendement maximum, ont regroupé sous la contrainte le maximum d'énergies dans des camps de travail. En physique la production d'énergie résulte du regroupement des énergies capturées gravitationnellement, les autres sont rendues instables par une concentration artificielle, se dispersent en rayonnement résiduel. Alors là le trou noir est réel puisqu'il demande toujours plus d'énergie et ne parvient à en produire aucune. Ce canon finit par imploser entre les mains de ses concepteurs. On en a eu la preuve avec l'écroulement de l'URSS par exemple ; économie ruinée par la politique du goulag.

Le principe de ce canon là est celui utilisé pour la bombe atomique, voyez sa dangerosité ! Car la fusion atomique est provoquée par le rapprochement de deux masses d'éléments instables jusqu'à obtenir une masse critique. Une fois fusionnés les éléments instables se déchargent de leur énergie –l'explosion- qui va participer d'autant à l'entropie ambiante.

Toujours bien faire le parallèle entre phénomènes physiques et phénomènes sociaux ! En plus c'est facile à appliquer et les sciences surpassant en imagination les plus excentriques de nos utopistes pour ce qui est de savoir qui nous sommes, nous avons toutes les chances de moins faire fausse route. Cela peut éviter bien des catastrophes. D'autant plus que l'on doit bien reconnaître que nos mauvaises expériences nous servent rarement de leçon ! Le gros problème est que notre mémoire semble elle aussi assez instable pour se dissiper rapidement dans l'entropie des leçons de l'histoire.

Vous pouvez vous rendre compte que je n'abandonnais pas vraiment mon vaisseau au cours de mes escales en Eden terrestre ; y apportant toujours matière à carburant. Aurais-je trouvé le rythme idéal qui convient au navigateur lointain ? A force je mis le doigt là où ça fait mal dans cet Eden. Un paradis terrestre transformant irrémédiablement son énergie en une étouffante entropie. Quid du réchauffement atmosphérique ! Il n'est pas dû à la pollution mais bien à l'entropie ambiante ! La terre a vu disparaître les dinosaures, possible résultat d'une chute de météorite, puis les plus grands mammifères, possible résultat des grandes glaciations, puis de moins puissants, et maintenant il n'en reste guère de plus imposants que nous-mêmes !

C'est vraisemblablement que les plus chargés d'énergie ont été les premiers élus pour la léguer à l'entropie terrestre. A ma connaissance sans que la planète en tire bénéfice. Serait-ce que la terre en serait dispendieuse à la manière d'un camp de travail plutôt que d'une usine ? Jusqu'à présent oui il faut bien reconnaître. La fin du gaspillage étant annoncée par l'envoi des premiers satellites et fusées spatiales ; enfin un peu d'énergie émergeait de ce trou noir ! La bonne voie à suivre pour mettre fin à ce réchauffement planétaire soit-disant dû à la pollution, idem pour la société. Les régimes collaptiques générateurs de trous noirs obéissent aux règles universelles, ils en suivent donc le rythme et vont contribuer eux aussi à émettre des particules d'énergie. D'autant plus puissantes d'ailleurs, il faut le remarquer, puisque la vitesse de libération d'un trou noir croît avec sa masse, Laplace dès 1796 s'en était aperçu ! Découverte collatérale aux effets « révolution française » ? Possible si l'on interprète cette réflexion révolutionnaire du président Mao : « L'avenir est radieux mais le chemin est tortueux » ce sont les mêmes pensées exprimées différemment. Un jour la science nous expliquera pourquoi ce long cheminement vers la lumière.

Jour après jour le chaos s'amplifiait au moyen orient et gagnaient les pays du Sahel, les informations nous le faisaient vivre en direct mais Matthieu ne semblait pas en être affecté et continuait à mener sa mission d'instituteur en djebel touareg avec application. D'après lui les informations s'emballaient sans raison, les événements du printemps arabe n'avaient aucune raison d'être dans ce Hoggar inhospitalier, et qu'y viendraient faire des soldats mis à part le fait qu'ils pouvaient le traverser en toute discrétion ou même s'y cacher ; comme nous en avions le souvenir. Non, ce qui lui causait plus de souci était de voir ses élèves déserter ses cours pour aller suivre ceux des imams du coin ; et il n'en manquait pas de ces vieux sages respectés des familles pour leur faire réciter des pages entières de versets. C'est bien beau d'avoir une instruction religieuse mais de moins en moins d'enfants parvenaient à suivre ce double rythme. Sa classe se vidait chaque jour un peu plus. D'autant que le printemps arabe ne les motivait pas plus que ça à comprendre l'insistance de Matthieu à leur inculquer les bases permettant de juger par soi-mêmes. Il paniquait, ses élèves disparaissaient, Aïcha ne vivait plus que pour ses satanées recherches et sa principale occupation allait bientôt se résumer à nos discussions via internet.

Je l'encourageais comme je pouvais à ne pas se démoraliser, si les gens comme lui baissent les bras, la jeunesse prometteuse va se trouver complètement endoctrinée par ce trou noir de l'univers en progrès qu'est une religion incapable d'évoluer, dont forcément les théologiens rejettent l'idée même que leur environnement est en évolution. Cela donne que, dans le djebel, la vitesse expansionniste du progrès devient proche du zéro, les imams peuvent se contenter d'y rabâcher les mêmes préceptes qu'il y a mille ans sans souci d'être dépassés. Ce drôle de trou noir qu'est la religion, engloutissant les plus faibles et proches atomes en grande quantité, immobilisé et rempli d'énergie, enfle donc comme le font les trous noirs résultant de l'effondrement d'étoiles en fin de vie, collapsus avant disparition en rayonnement fossile. Les quelques autres atomes assez énergétiques pour résister à son attraction ayant toutes les chances de suivre l'expansion générale. Naissance d'un schisme.

Je ne voyais pas bien ce qui maintenait la situation de mes amis en équilibre, la logique des corps composés voudrait que le plus faible des deux subisse l'action du plus fort, ou alors la liaison devra céder. J'avais une appréhension. Lui, résistant du mieux qu'il pouvait aux effets attractifs du trou noir qu'il tentait de faire éviter à ses élèves et elle, accélérant sa course vers les astres, leur lien affectif devrait être très souple et de bonne constitution pour résister longtemps à ce tiraillement. Logiquement Matthieu céderait le premier, puisque son énergie est déjà utilisée à le maintenir en orbite autour d'un trou noir sans y plonger, on peut dire que sa position est stationnaire par rapport à celle d'Aïcha en expansion accélérée. Si le lien est assez solide il rejoindra bientôt sa compagne. La scène, imaginez-la encore sous forme de trapèzes volants, sera assez impressionnante. Aïcha les bras tendus vers un trapèze toujours plus éloigné et Matthieu la rattrapant au vol. Je ne lui parlai pas de mes images, il se serait moqué mais ça l'aurait à coup sûr perturbé.

Et je n'ai abordé que le phénomène thermostatique des transferts d'énergie, si l'on rajoute que le temps se ralentit avec la vitesse, Matthieu a bien l'impression de s'éterniser sur les bancs de sa classe alors que sa compagne ne voit pas le temps passer, c'est bien lui qui se lassera le premier. Les lois de la physique vont vraiment comme un gant aux raisonnements humains, même s'ils sont d'ordre sentimental !

Trouvant le temps trop long à attendre ses improbables élèves, Matthieu avait pris l'habitude d'aller à leur rencontre. Il réinventait les cours par correspondances ! Des élèves vite retrouvés : dès qu'il apercevait quelques chèvres au loin il fonçait droit dessus et immanquablement tirait de sa torpeur un berger sécheur de cours qui, aussi vite convaincu, lui promettait de faire son possible. Certains réapparaissaient alors quelque temps puis reprenaient un peu plus leurs aises et il devait repartir à leur recherche. Ce qui finit par lui attirer l'hostilité des parents et il dut se résoudre à faire classe pour une poignée d'enfants.

Je l'encourageais du mieux que je pouvais à assumer son devoir d'enseignant, avançant qu'il ne s'agissait sûrement que d'une conséquence passagère des révolutions qui avaient lieu au nord et dont ils n'étaient pas ignorants. Ne leur avait-il pas expliqué que les révolutionnaires usaient de leur droit de penser et de juger par eux-mêmes, sans l'aide du ciel. Et ceci grâce à l'instruction qu'il leur faisait partager.

D'après lui ce n'était pas simplement l'ivresse contagieuse d'une libération, cela durait depuis trop longtemps et s'amplifiait chaque jour. Il aurait fermé l'école sans l'insistance d'Aïcha. Elle lui promit de trouver une solution en attendant le retour des jeunes nomades.

Bon leur lien tenait le coup, Matthieu finirait bien par lâcher prise !

Malgré toutes mes théories je m'inquiétais plutôt -et s'il ne lâchait pas prise !- craignant de voir toute leur énergie anéantie par ce grand trou noir qu'est le désert. Pas pour rien qu'on y trouve tellement de fossiles antédiluviens et d'ossements blanchis. Un immense tombeau d'énergie ! Sans parler des restes des plus grands dinosaures connus.

Je m'inquiétai d'autant plus quand je découvris sur le blog de la chercheuse la création future d'un lieu de mémoire des grandes épopées sahariennes. En lieu et place de la misérable école. En voilà une idée ! Je voyais déjà le couple aspiré par le trou noir, si Aïcha se rapprochait trop elle serait prisonnière, qu'est-ce qui clochait dans mon interprétation des lois de la physique pour m'avoir laissé croire que c'était impossible ? Bon, elle continuerait ses travaux et conférences pendant que lui s'occuperait du musée. Il pourrait dispenser ses cours aussi et peut être que les élèves, curieux, seraient plus motivés pour y assister. Leur enthousiasme était très communicatif et je fus autant convaincu qu'eux-mêmes. Je leur promis une visite prochaine.

Les mouvements révolutionnaires des pays du nord ayant abouti, le voyage serait bientôt possible ; le temps que leur projet démarre.
En attendant je continuais mes explorations autour de mon vaisseau en orbite stationnaire ; interrompues par quelques excursions non sécurisées sur Terre. La stabilité de la situation me laissait tout loisir pour amasser des trouvailles ; quelques petites impulsions d'énergie suffisaient pour me maintenir hors de l'attraction terrestre. Si ce n'était pas la liberté ça y ressemblait beaucoup !

J'avais repris le goût, au cours de mes escales terrestres, des soirées bière où l'ivresse légère donnait un relief inédit aux conversations. Quand Marc s'en mêlait, il nous relançait sur ses obsessions du moment ; tournant toujours autour de sa hantise des groupes hostiles. Mais qui lui aurait voulu du mal ? Je ne connaissais pas plus gentil garçon, bon père de famille, le noyau dur de son petit groupe social. Normal qu'il tente de le protéger, il l'avait nourri de son énergie positive d'honnête homme et se trouvait de plus en plus étranger à son environnement. Il en prenait la mesure à l'avalanche d'appels du pied reçue quotidiennement. Bah il exagérait beaucoup, je l'avais déjà connu à deux doigts de faire un scandale ou même une grosse bêtise et il ne l'avait pas fait. Connaissez-vous le bombardement neutronique ? On peut comparer les appels du pied comme autant de neutrons (micro-missiles de la matière instable) envoyés vers son petit noyau familial Si le neutron est propulsé avec assez de force il peut casser le noyau et toute l'énergie du noyau se dissipe. Marc serait alors expulsé sous forme d'un nouveau neutron instable. Je lui recommandai de ne pas réagir, l'avalanche de neutrons appels du pied n'y peut rien si elle n'est pas chargée d'une certaine énergie. Dans un réacteur nucléaire on assiste alors à la décroissance des réactions et à la mise en sommeil du phénomène. Les neutrons étant devenus faibles pour se multiplier se font rares et leurs appels du pied encore moins efficaces.

J'aimais bien quand le choix de mes images le laissait perplexe. Bon moi aussi mais le lendemain seulement, quand je réalisais combien elles avaient été déformées, par les bulle de bière sans doute. Et rien que pour ça j'y prenais plaisir, espérant quand même qu'elles porteraient des fruits.

Dans la société les éléments, contrairement à ceux d'un réacteur, ne sont pas tous de même nature ; ce qui rend la réaction plus complexe. Par exemple, un neutron faible peut rencontrer un élément faible lui-même et ainsi provoquer une réaction. Elle fournira un autre neutron de faible énergie lui aussi mais là, contrairement au réacteur, la quantité des fissions peut compenser leur qualité énergétique, puisque la société est infinie.

En fait on en revient toujours au phénomène des échanges d'énergie, que les éléments soient microscopiques, planétaires ou humains.

Je m'aperçus ainsi, au fil de mes divers errements dans le monde des autres que, désormais, je n'abandonnais plus ma ligne de vie sans y garder un œil dessus. Serait-ce que je deviendrais raisonnable ? Ou bien un sixième sens me laissait deviner une partie invisible du monde, comme un extra-lucide. J'en fus fort aise car ceci facilitait mon travail qui devenait, par conséquence, le prolongement des conversations, les extases et autres béatitudes, bref de chaque occasion que l'existence nous donne pour échanger avec les autres. Après tout mon vaisseau s'était habitué à moi depuis le temps que je m'en occupais. Il n'aurait bientôt plus besoin de mon aide pour se charger des trésors que je lui destine. A bien y réfléchir, les machines étant créées pour remplacer le travail de leur créateur, l'homme ; la mienne, le vaisseau que j'ai créé se comporte donc normalement pour une machine. Est-ce l'aboutissement des efforts de toute vie de labeur que d'en recueillir la jouissance sans plus d'effort ? Belle hypothèse mais valable à la seule condition de produire une machine à son service. Et qu'elle ne soit pas non plus un mini camp de travail appelé à vous exterminer. A chacun de juger dans quel sac il met ses billes !

Cela me rassura un peu car la recherche est bien le plus ingrat des jobs, il ne nourrit pas son homme et le laisse souvent sur le carreau, en panne. Si le vaisseau du chercheur peut s'auto alimenter, alors le sac de billes n'est pas trop pourri. Pas bête ce vaisseau, il réagit comme un animal têtu -j'ose pas le traiter d'âne vu que c'est le mien- mais c'est bien un comportement d'âne que de ne se mettre à avancer que maintenant que je lui lâche souvent la bride. Il craint peut être que je l'abandonne ! Ne pas lui dire que je serais foutu sans lui. Comme le méhariste sans sa monture ; pas pour rien qu'on l'appelle vaisseau du désert !

Fort de cette nouvelle expérimentation créative je me la coulais douce dorénavant, mes recherches étaient concluantes et de temps en temps, quand les trouvailles se faisaient languir, mon âne de vaisseau n'hésitait pas à m'envoyer une ruade d'énergie qui me motivait. Quel ensemble parfait nous formions alors !

La vérité vraie, c.à.d. physiquement parlant, c'est que l'ensemble du vaisseau spatial devenait assez conséquent pour échapper aux perturbations genre passage de comète à proximité, pluie d'électrons, orage cosmique ou attraction planétaire ou d'un trou noir. Ce que je vous décris est l'évolution normale de tout corps composé à mesure qu'il se charge d'énergie, le peu qu'il en transforme lui permettant de se tenir à distance des dangers collaptifs. C'est aussi l'évolution de tout homme ayant accumulé un savoir qu'il redistribue correctement.

La faillite des régimes post-coloniaux du moyen orient avait compromis mon voyage et le chaos n'était pas près de cesser. « De quel chaos est sorti l'homme, tu l'apprendras si tu ne le sais pas encore. » Prémonitoire citation d'André Gide, un connaisseur averti de ces régions et de leurs peuples. Je m'impatientais de pouvoir apprendre quel homme sortirait du chaos car je ne pensais pas comme lui l'homme immuable. Si l'homme est sorti du chaos, chaque chaos est créateur d'un nouvel homme ; pour quelle autre raison se reproduirait-il sinon ?

Effet papillon des chaos : on observe à travers la longue vue de l'histoire, que les plus grands chaos de l'humanité ont eu lieu à l'extérieur du continent africain ; ou à sa limite comme aujourd'hui. Les lois de la physique et de la génétique nous démontrent, et je les mets en relation avec les chaos, qu'effectivement un homme nouveau sort du chaos. A l'échelle humaine l'absence de bouleversement social sur ce continent suffirait à expliquer que l'on y trouve les Homo sapiens à l'état pur de l'origine ; l'homme nouveau n'ayant pas de raison de naître sans chaos nouveau. Bizarrement c'est ce continent préservé qui abrite toujours les plus grands animaux de la planète, et des arbres géants, une végétation luxuriante. Encore plus bizarre la génétique nous apprend que l'homme blanc est issu d'une défaillance de chromosomes, d'un chaos des cellules, un chaos qui n'a pas eu lieu ici où il est toujours noir, mais partout ailleurs, hors de l'Afrique. Comme si ce continent était un musée des espèces, un paradis originel, où, de la plus petite cellule aux plus grands événements, tout est immuable. La science nous dira sûrement un jour pourquoi. Aujourd'hui la cosmologie nous montre un continent cerné par d'immenses trous noirs d'énergie que sont les déserts du Sahara au nord et du Kalahari au sud. Le reste du continent, pour se maintenir en équilibre gravitationnel entre ces puits d'énergie surpuissants épuise la sienne. La moindre particule d'énergie qu'il pourrait projeter vers l'espace ayant toutes les chances de subir l'attraction de l'un ou de l'autre. De par leur disposition spatiale rien n'échappe à leur attraction destructrice.

On qualifiera de statique ce continent bien loin d'être un trou noir puisque les grands animaux riches d'énergie y pullulent, en dehors des déserts bien sûr qui donc empêchent son expansion de comète.

Cette situation d'équilibre gravitationnel interpelle et cause souci car que peut-il en sortir de bon ? Soit rien n'évolue et donc rien ne sera pire, d'un côté c'est rassurant. Soit les déserts prenant de l'ampleur absorbent la planète qui gravite entre eux et le super trou noir créé à l'échelle d'un continent sera un danger pour ses voisins –

rappelons-nous que les habitants des trous noirs du désert sont soumis à la même loi dévoreuse d'énergie, ça craint ! Soit, et à mon avis c'est pire, la planète Afrique échappe à ses trous noirs et entame une course vers les étoiles. Pourquoi je pense que cette solution, la plus en harmonie avec les lois de l'évolution, serait la pire ? Pas pour l'Afrique et ses peuples enfin libérés de ce carcan, mais plutôt à cause du danger explosif que représenterait la soudaineté de la situation : la nature ayant horreur du vide il se produirait bien alors un brutal rapprochement de deux corps instables -faites le parallèle avec le principe de la bombe A- ne risqueraient-t-ils pas d'atteindre une espèce de masse critique, celle qui provoque l'explosion de la bombe A lors de la réunion de ses deux charges. Quels dégâts cela pourrait-il provoquer à cette échelle ? Je vous invite à y réfléchir mais ne soyons pas trop pessimistes !

Quelques signes indiquent une évolution de l'Afrique, mais pas assez précis pour en savoir la direction : par exemple que les frontières créées par les colonisateurs ne remplissent pas leur rôle et disparaissent complètement dans le désert. Les états ex-satellites des grandes puissances ont quitté depuis longtemps leurs champs d'attraction gravitationnelle et peu à peu se stabilisent en un ensemble informel. Quelques pays font de la résistance à ce phénomène, surtout ceux qui avaient par le passé été les grandes planètes de ce système, le Maroc par exemple. On ne peut donc pas prévoir une prochaine satellisation, un chaos nébuleux ou un trou noir en formation. Autre exemple du mouvement opéré, à une échelle plus humaine celui-là : Le Sahara depuis la nuit des temps fut le couloir d'échanges entre le nord et l'Afrique noire, où les plus précieuses marchandises parcouraient la route de l'or. Ces transits, à travers les sables du Sahara, des fortes énergies échangées entre deux éléments prouve très bien la faiblesse du trou noir saharien incapable de les annihiler et devant se contenter des miettes énergétiques fournies par quelques razzies de caravanes. Aujourd'hui les échanges se faisant en dehors de l'espace désertique ; aucune énergie n'alimente plus ce puits. Il va donc logiquement se consumer mais le temps d'une éternité ! Autre bizarrerie : Les peuples, aux pôles de la côte se sont toujours renforcés, enrichis, captant, capturant, les énergies, les personnes, passant à leur proximité. Entre autres moyens des pirates y veillaient ! (cela provoqua leur perte mais c'est une autre histoire !) Très affaiblis aujourd'hui, ils peinent à conserver leurs propres atomes humains, impuissants qu'ils sont à lutter contre les forces attractives des planètes continentales. Oeuvrant dans le même sens d'un affaiblissement général ils bloquent autant que possible le flux des migrants d'Afrique noire, le même flux d'énergie qu'ils captaient jadis grâce à un florissant commerce d'esclaves. Manifestement un affaiblissement généralisé est entrain de se produire en Afrique autour du désert saharien -je n'ai pas observé le reste du continent- le danger est que ces satellites faiblissants ne puissent plus maintenir leur orbite et soient attirés vers le trou noir du Sahara ! L'intérêt de ce genre de démonstration est de servir d'exemple ; une fois la démarche assimilée n'importe quel lecteur peut en faire usage. En l'occurrence cela nous permettra, j'en suis sûr, de savoir où va l'Afrique. A vos plumes !

Et pour vous motiver dites-vous que cette étude a été faite depuis belle lurette par de hauts fonctionnaires spécialisés et que les résultats sont connus des gouvernements qui ont bien voulu s'en donner la peine dans la mesure où ça les intéresse.

Vous comprendrez mieux maintenant les ingérences singulières de certains dans les affaires d'autres pays.

Et pour vous convaincre du bien fondé regardez autour de vous et comparez entre eux les états, les plus florissants économiquement parlant -l'économie étant un thermomètre médical assez juste- sont comme par hasard ceux dont le peuple a fourni les plus réputés savants.

Des savants assez dévoués à la cause nationale pour mettre au point et en pratique le modèle d'équation adapté à chaque situation. Et en garder le secret défense !

D'où l'urgence de former nos jeunes cerveaux et ne pas les laisser s'expatrier pour une raison ou une autre ; une énergie supérieure n'étant pas compensée par l'apport d'une part équivalente en énergies plus faibles car le corps alors obtenu est trop lourd pour se projeter vers le ciel de la connaissance. Rapport poids/puissance trop dégradé pour obtenir la vitesse de libération terrestre, (le photon, doté d'une infime énergie et d'aucune masse se déplace avec très peu de contrainte gravitationnelle à la vitesse de la lumière) l'énergie ne rayonnera pas et contribuera simplement à alimenter le réchauffement atmosphérique. Industrie lourde, nucléaire, aéronautique etc.

A mesure de l'avancement de mes travaux je me trouvais de plus en plus éloigné de ma planète Terre et de plus en plus isolé dans un féerique vide sidéral, flottant entre les étoiles dans le halo blafard des énergies fossiles. D'aussi haut la vision détaillée de la Terre est impossible ; je fus bien obligé de multiplier mes escales si je ne voulais pas devenir un extra-terrestre pour de vrai.

Je ne pouvais rien prévoir non plus de ce qui allait se passer pour mes amis en Tassili. Les contacts avec eux ne me donnaient qu'une idée imprécise de la situation que Matthieu avait tendance à enjoliver. Le musée était toujours à l'état de projet et les bancs d'école se recouvraient de sable fin. Aïcha participait à une campagne de fouilles qui s'éternisait et Matthieu, poussé par l'ennui, avait décidé de la rejoindre malgré les quarante degrés de juillet. Ca lui ferait des vacances me disait-il, de gratter la terre des Aurès où réapparaissaient les traces de la Kahina. Le climat y est agréable en été et la mer à proximité le tentait. Par acquit de conscience il ramènerait quelques vestiges pour garnir les étagères du musée.

Je me réjouis en apprenant qu'il subissait donc à présent la gravité de sa compagne ; le lien les unissant ne cédant pas, le plus puissant des deux attirait l'autre et c'était lui qui avait lâché prise en premier. Cela signifiait que tous deux s'éloigneraient du trou noir désertique car elle avait maintenant un solide vaisseau spatial comme point d'attache, impossible à faire bouger d'un poil. La mer aussi, devenue plus attractive que son Hoggar mortifère, marquait le sens de son évolution. Il réagissait comme les forces vives du pays convergeant vers ce passage obligé des migrations d'énergies.

« -Ce n'est pas une raison pour me croire sur le point de changer d'existence !
Il n'appréciait pas mes conseils. Mais ce n'était pas nouveau !
-Toujours est-il que c'est bien Aïcha qui te fait bouger, en rien de temps tu vas oublier ton école du bled.

Je ne voulais pas trop insister de peur de le braquer, trop fier pour céder il retomberait dans son trou noir. Je leur souhaitai de bonnes vacances communes. »

La fouille des champs de bataille des Aurès les réunissait idéalement. Le chantier devait durer tout l'été, quand la chaleur rend impraticable pour les élèves le chemin de l'école. Donc Matthieu n'avait pas trop de scrupules à batifoler avec sa belle ; je ne le reconnaissais plus quand il me vantait les charmes des lieux et la gentillesse de ses habitants moins rudes que dans son bled scolaire. L'ambiance des lieux imprègne l'inconscient de ses hôtes et devient caractéristique de leur état d'esprit. Nous étions pour une fois d'accord à condition de ne pas plus aller dans le détail ; je gardai donc pour moi que tout ceci était le résultat prévisible d'une configuration atomique d'ensemble qui englobait aussi bien l'environnement que ses habitants, végétaux, animaux et humains compris. S'éloignant d'un trou noir on en ressent moins l'attraction et les plus faibles des énergies peuvent s'y multiplier. Dans ce cas la somme des énergies prend le pas sur le nombre car il ne s'agit plus de rayonner vers les cieux mais au ras du sol terrien ; créant une ambiance chaleureuse. Les Aurès n'étant pas les portes du Sahara, l'énergie ambiante y rendait la vie plus enrichissante, mais il était plus difficile pour ses atomes d'énergie de s'échapper de leur agglomérat.

Qu'attire donc les hommes des campagnes vers les villes ? C'est intéressant de le savoir, les immenses comètes que sont les villes autour de leurs planètes mères les pays, chargées d'une bonne dose d'énergie, captent avec facilité les plus infimes passant à leur proximité, facile à comprendre. Après le mécanisme s'enchaîne : les villes accumulant ces énergies se trouvent assez puissantes attractivement pour capter les faibles énergies les plus éloignées aussi bien que les énergies plus fortes les plus proches. Le problème est que les campagnes se vident et s'appauvrissent. D'ingénieux physiciens ont bien imaginé de regrouper leurs petits îlots pour en faire de grands éléments plus énergétiques, à même de retenir leurs atomes s'évaporant facilement vers les lumières de la ville. Et ce n'est pas seulement une image, les lumières étant aussi bien le savoir que le halo d'énergie ambiant. L'idée est bonne et les physiciens compétents puisqu'ils ont tenu compte du fait que la masse critique propre à entretenir un minimum de rayonnement énergétique ne serait jamais atteinte sans un regroupement plus concret que celui des actes administratifs. Déplacer les campagnes pour en faire des villes étant impossible - comme dirait l'autre qui préconisait de construire les villes à la campagne- ils en ont déduit que réduire le temps des trajets inter-îlots reviendrait à en réduire la distance donc à les regrouper. Bonne idée ! Qui était appliquée depuis des lustres à l'échelle nationale ! Et on assiste au développement des réseaux routiers et des services de transport ultra rapides. Le bas blesse du fait que les moyens de transport consomment souvent plus d'énergie q'ils n'en transportent. C'est pareil au niveau national et pourtant ça fonctionne me direz-vous.

Attention, primo, les transports à grande échelle sont plus économes d'énergie car ils regroupent un maximum de voyageurs dans un minimum de place, un maximum de marchandises aussi, et que dire des pics de consommation lors des démarrages et changements de rythme. Et le plus important, que les regroupements locaux parviendront difficilement à contrer : quand une interconnexion relie directement une grande métropole à d'autres grandes métropoles fort éloignées, ce sont en majorité les énergies capables de s'arracher à leur ville comète qui l'empruntent ; par cette sélection l'apport est considérable, et même s'il ne s'agit que d'échanges passagers. Cette sélection là est pour le moment difficile à obtenir en campagne, manifestement un facteur échappe aux grosses têtes qui y travaillent.

Elles ont du pain sur la planche quand on voit à quelle vitesse les dites campagnes se vident !

Elle était vraiment un électron doué d'une grande puissance pour s'être éjectée ainsi de son Sahara natal après y avoir tant vécu ; le temps ayant toujours la peau, à l'usure, des forces les plus vives quand elles ne trouvent pas à s'alimenter elles-mêmes. Et dans un trou noir, difficile de trouver à s'alimenter. Aïcha avait eu le bonheur de trouver un filon perdu et l'intelligence de l'exploiter au mieux, elle était bien du désert, comme le sont animaux et végétaux capables d'y survivre de rien et de s'y développer. En fait ceux-ci, comme toute vie dans ce milieu hostile, sont des électrons de grande puissance car il en faut pour résister à pareil puits ; imaginez donc quelle énergie supplémentaire lui a été nécessaire pour s'en extraire. Et pour entraîner Matthieu à sa suite ! L'explication possible est qu'elle trouve ce supplément justement dans un autre filon secret, plus précisément situé dans son bled du Hoggar. Je dis ça car le regain d'énergie nécessaire à ôter Matthieu de son milieu est apparu après qu'elle y ait fait un dernier séjour, pour son projet de musée. J'avais bien des mystères encore à percer ! Par bonheur je pourrai m'y consacrer sans grand risque car mon propre vaisseau continuait à graviter, comme je l'avais déjà constaté, de par sa propre énergie, ne me sollicitant qu'épisodiquement. A ce propos, une autre observation est à mettre en équation : l'auto alimentation des ensembles par rapport à leur importance. Un conseil ne cherchez pas à tout savoir de toute force, c'est un piège dissipateur d'énergie, patientez et un jour ou l'autre la réponse viendra sans y réfléchir ; pourquoi ? Et bien justement parce que nous sommes aussi, à notre échelle, un ensemble qui s'auto alimente. Donc je laissai ceci à plus tard.

Revenons au mystérieux filon du Hoggar. J'avais le vague pressentiment de la nature similaire des filons qui avaient libéré Aïcha puis Matthieu à sa suite. De natures différentes ils auraient dispersé mes amis et non rassemblé. Elle lui avait fait partager sa trouvaille sinon pourquoi l'aurait-il suivie ? Cela ressemblait trop à une enquête policière, je m'en tins là et ne cherchai plus à comprendre. Me préoccupant de partager les petits bonheurs quotidiens avec ma douce et mes amis.

Marc toujours aux prises avec ses opposants cherchait sur quelle planète accueillante il pourrait bien émigrer ; peu nombreuses, la seule à vraiment le tenter étant sa ville natale. Pourquoi donc un électron, instable dans un milieu étranger se stabiliserait-il retrouvant son milieu originel ? Cela tient plus à la composition des milieux en cause qu'à l'électron. L'électron n'ayant que sa pauvre énergie à offrir en partage. Un milieu à faible rayonnement énergétique la refusera de peur d'être déstabilisé ; un milieu de fort rayonnement n'en sera pas affecté et elle se dissoudra dans le halo général. Le plus adapté étant le milieu d'origine because il est de la même composition que ses produits, à leur juste mesure. Comme le désert pour le chameau. Je parle des éléments désireux de garder les pieds sur terre ; après, s'ils se créent un vaisseau spatial pour y utiliser leur énergie à leur guise, ils en assument le risque de se retrouver un jour, si leur vaisseau a vraiment du punch, très loin de leur base d'envol. C'est justement ce qui se passe avec le mien qui depuis ce temps n'a cessé de croître et prospérer. Rendu difficilement contrôlable par mes pauvres forces de par le poids de son inertie, il se dirige un peu où bon lui semble. Un début de création d'une nouvelle planète propre à absorber les forces de son créateur pour exister par elle-même.

Et bientôt elle n'hésitera pas à aller puiser chez d'autres l'énergie que je ne pourrai plus lui fournir en quantité suffisante. Je comprends bien que faute de suffisamment d'énergie elle puisse devenir un trou noir pour celles qui passeront à sa proximité ; et donc, pour que ma créature ait un sens, elle n'ait d'autre choix que de se projeter dans l'inflation universelle. C'est le dilemme du père qui doit accepter que son fils le dépasse s'il veut, à travers lui, continuer sa course expansionniste. Les choix étant restreints : soit lâcher le filin créatif, cordon ombilical, et se retrouver à la merci du premier trou noir passant par là, celui de l'âge par exemple ; soit s'y agripper, et s'il est assez résistant, subir les nouvelles orbites du vaisseau surpuissant, jusqu'à se retrouver très loin de sa planète mère, trop loin pour la ligne de vie. Et devenir comme un martien égaré en transit spatial. Que choisir entre la peste et le choléra ? Bon on a encore le temps !

Fort de ce savoir je redescendais sur terre autant que possible puisque j'en avais encore la possibilité, et me consacrais à y dissiper le surplus d'énergie que mon vaisseau ne me demandait plus. Enfin pouvoir choisir de recharger les batteries de mes proches ; et il m'en resterait toujours assez pour la disperser au hasard des rencontres. Utilement car les liens sociaux participent à l'enrichissement des lieux que la nature a défavorisés ; évitant qu'ils ne se transforment en déserts, et plus l'endroit est désertique, plus l'apport d'énergie à nos proches est impératif si on leur souhaite, un jour, de faire décoller leur propre vaisseau. Excitant de remarquer que si l'on remplace le terme d'énergie par bonheur, espoir, argent, nourriture etc. ça devient plus évident. Par contre si l'on emploie  un terme réducteur comme misère, maladie, mort, peur, etc. ça ne marche plus. Un trou noir ne sera pas plus noir lui rajoutant toute la misère du monde, simplement, s'en échapper demandera plus d'énergie encore ou un lien très puissant avec un cosmonaute ou un vaisseau stationnaire.

J'en profitais aussi pour assurer justement, le lien de survie reliant mon amoureuse cosmonaute avec son amoureux et son vaisseau. En voilà une que je pourrai assurer si son trou noir décide un jour de l'anéantir !

Sans amour, le savoir est froid et injuste ; sans savoir, l'amour (ou la bonne volonté : le désir d'aider son prochain) est impuissant et peut même être néfaste. Dixit Bertrand Russell.

Bertrand Russell est l'auteur de « La Philosophie de l'atomisme logique »

On en arrive tous à la même conclusion !

Alors que je dissipais utilement de mon énergie sur terre, juste retour des choses, Aïcha, toujours en phase de recherche, accumulait vaillamment les fruits de la sienne dans son propre vaisseau spatial. Je savais qu'elle l'avait amarré pile au dessus des Aurès depuis plus longtemps que prévu. Matthieu espaçait ses déplacements vers son école à mesure que ses séjours s'y raccourcissaient. Il était évident que le lien laborieusement établi avec elle s'étirait au maximum ; résisterait-il encore longtemps à l'attraction du trou noir désertique ? Il y accumulait pourtant (dans son école musée) de nombreuses trouvailles, archives, photographies et reconstitutions d'ornements rupestres significatifs. A son avis aucun pillard ne s'intéressait à ce butin facile. Il ne comptait que sur la présence de quelques élèves vivant à proximité pour en assurer la surveillance et à chacun de ses va et viens il tentait d'en persuader quelques-uns de s'y installer.

« -J'ai beau leur faire miroiter la possibilité d'un petit salaire assuré, ils s'en foutent.

-Et le côté gardien du temple de leurs ancêtres ?

-Ils l'assument quelques jours puis vont raconter que les esprits les ont chassés. Belle publicité pour faire fuir les candidats !

-Je ne vois qu'une solution, tu t'y installes le temps de former un gardien sûr. »

J'étais curieux de connaître sa réponse car d'après moi il ne pouvait plus revenir en arrière. Il avait pensé à ma solution mais ne voyait pas qui cela pourrait intéresser. J'aurais bien aimé voir leur collection d'antiquités et lui donner un coup de main mais pas tant que la région serait déconseillée aux étrangers. Il m'avoua que bientôt lui-même ne s'y rendrait plus. Tant pis pour l'école et le musée, le désert les aurait engloutis. Mais il allait louer un camion pour transporter le précieux fonds vers un endroit sûr, restait à choisir entre les villes intéressées celle qui leur conviendrait le mieux.

Surprenante faculté qu'ont les objets antiques d'être assez chargés en énergie pour s'extirper d'un trou noir, alors qu'à peu près tout ce qui s'y trouve s'y épuise. Ce qui permet de dire que l'épuisement du trou noir, au fil du temps, en halo inutile réchauffeur atmosphérique, permet un jour ou l'autre à ses plus anciens composants miraculeusement préservés, de s'en extraire intacts. Serait-ce là une explication de ces fameuses fontaines blanches ? Donc leur énergie datant d'avant la création du trou noir saharien serait incompatible à l'assimilation. Certains y voient une origine divine, d'autres extra-terrestre, je pense plutôt, en pragmatique que je suis, que le plus petit de leur atome est une sorte de boson de Higgs (la plus petite particule), impossible à diviser, appelée aussi la Particule de Dieu, éternelle, impossible à transformer en réchauffement atmosphérique. Voyez comme tous les chemins mènent à Rome ! L'explication logique de la persistance des vieilles croyances et légendes fondatrices, des fantômes et autres revenants, aussi bien que leur retour en fontaines blanches.

Le trou noir saharien, malgré les apparences, serait-il en voie de disparition avancée ? Ou, pourquoi pas ? l'entrée du tunnel vers un trou blanc. Il est permis de rêver mais en attendant toutes les énergies fortes le quitteraient.

L'agitation moléculaire en quête de stabilisation dont faisaient preuve mes amis malgré le solide vaisseau les maintenant en orbite stationnaire, celle de mon autre ami Marc en recherche d'expansion et celle de ma chérie que je maintenais en dehors de l'attraction d'un trou noir conjugal ; toute cette valse du monde qui est la vie, m'entraînait à vivre au même rythme. Mimétisme cellulaire activant les sociétés dans une sorte de fourmillement désordonné de leurs membres, donnant l'impression que constamment quelque chose se passe alors que n'évolue, au fil du temps et à cause de l'expansion spatiale, que l'isolement des particules humaines s'éloignant irrémédiablement les unes des autres.

Les sociétés compensent cette expansion par l'accroissement du nombre de leurs membres. Densification spatiale qui permet de ne pas disparaître dans l'infini, ce phénomène réflexe a le pouvoir de créer une supernova colonisant l'espace avec donc aussi, hélas, ses propres puits d'énergie capables d'en absorber une grande partie. Quoi de plus logique alors, la surface terrestre n'étant pas extensible et la population en forte augmentation, la supernova contrariée se heurte à un phénomène physique de sur-concentration poussant ses éléments à se rapprocher dangereusement de ses trous noirs et donc d'y disparaître. Triste perspective que de voir les trous noirs stabiliser la population en l'absorbant et donc se fortifier inexorablement, absorber de plus en plus d'éléments, les plus forts ne leur échappant pas longtemps. Comme quoi la surpopulation est la porte ouverte à la désertification !

Complément à l'échelle globale de ce que l'on avait observé à l'échelle de l'Afrique ; on y voit que les océans ne sont pas des remparts ! Ni les continents des planètes. Les lois de la physique ignorant les limites physiques, elles sont applicables à toutes les échelles. Pour éviter ce collapsus annoncé il faut donc le reporter à une autre échelle. L'échelon supplémentaire pour les humains, après s'être expansés sur toute la terre et sous peine d'y être ensevelis, se retrouve être les planètes. Et on comprend que la solution à l'expansion de la particule humaine, sous peine de mort, doit changer d'échelle, passer de l'échelle terrestre à l'échelle spatiale. Qu'enfin un peu de son énergie participe à l'expansion universelle. Et on comprend le but vital de la recherche spatiale.

Les caisses de vestiges sahariens furent chargées sur le camion loué par Matthieu et bien sûr, cela ne passa pas inaperçu dans son bled désertique ; comment expliquer que se présentèrent alors spontanément quelques candidats au poste de gardien qu'il avait vainement cherché à pourvoir. Une réaction des énergies collaptrices du Sahara pour retenir au sein du trou noir ses plus précieuses particules ? C'est à croire ! Matthieu prétexta une simple exposition itinérante dans le pays et encouragea les candidats à regarnir de leurs trouvailles les étagères libérées. Il se remettait à rêver à un lieu de mémoire, passage obligé pour les visiteurs du Hoggar. Les autorités, soucieuses de la protection des biens nationaux avait chargé une petite escorte militaire de sécuriser le transport. C'est sans doute ce signe d'un intérêt supérieur qui alerta les rares témoins croisés en chemin et, le téléphone arabe fonctionnant bien, tira de sa léthargie la population locale. Trop tard, et que ça leur serve de leçon, à trop avoir dédaigné leurs richesses, elles tombent entre d'autres mains. Oh ! On a fait pire ! Récemment encore, nos voisins italiens, vivaient parmi de glorieuses ruines ancestrales sans s'étonner de ces monuments incongrus. Leurs troupeaux broutaient l'herbe des nécropoles et les bergers s'abritaient dans les plus belles tombes étrusques, l'œil torve fixé sur leurs bêtes. Il fallut des voyageurs étrangers pour révéler ces trésors ! Nul n'est prophète en son pays ! Un trou noir rural, tout comme son frère du désert, s'affaiblissant laisse échapper ses énergies primaires. Dans le cas des monuments, la concentration énergétique impossibles à déplacer attire de très loin d'autres énergies fortes. Un grand risque pour ces dernières que de se retrouver absorbées par le trou noir ambiant ; sous l'œil torve de berger engloutis depuis longtemps. A jouer avec le feu ! (En espérant qu'ils puissent rejaillir dans un autre ailleurs leur évitant la désintégration.) Bon il leur restera toujours la manne que représente l'attraction des faibles énergies en grande quantité, les tours opérateurs savent bien ça !

Ouvrons l'œil, apprenons à voir à travers la banalité des choses ce qui peut bien faire qu'elles existent, justement quand aucune qualité particulière ne justifie qu'elles aient traversé les siècles. Nous croisons quantité de ces objets et de ces personnes sans rien voir de la source inépuisable d'énergie qu'ils représentent. L'homme n'est pas doté d'un détecteur de particules élémentaires, il les découvre grâce à ce qui le différencie des autres êtres vivants, grâce à la parole. En interrogeant les uns et les autres, les anciens et les archives, papyrus ou manuscrits, peintures, gravures en tous genres qui sont autant de langages à déchiffrer.

Imaginez, comme Matthieu me décrivit la scène bien plus tard : Le convoi d'antiquités cheminait maintenant vers la lumière et, à mesure que le désert devenait inhospitalier, instinctivement (l'instinct serait-il le sens qui détecterait les particules élémentaires et nous fait défaut faute de savoir mieux l'utiliser ?) Les soldats aux aguets comprenaient que le trou noir devenait plus puissant que jamais et risquait bien de reprendre son bien lui échappant -comme je l'interprétai d'après son récit- Il aurait été préférable de contourner les zones désolées, quitte à se rallonger exagérément ; cela leur aurait évité bien des ennuis mais on n'engage pas de physiciens dans l'armée et Matthieu n'avait pas voix au chapitre. Pourquoi s'en tira-t-il ? La logique de son lien avec le vaisseau spatial Aïcha ne le convainquit pas quand je la lui exposai. Pourtant c'est bien ce filin les reliant qui le tira d'affaire ; la forte attraction du puits d'énergie ayant eu raison du chargement, il n'aurait pu résister seul. Tout comme les soldats arrimés à leur très puissant vaisseau militaire, un véritable satellite celui là ! La sûreté des lignes de survie de ses membres révèle aussi la forte énergie consacrée à les établir. Car un vaisseau a beau être solide, si ses cosmonautes ne s'arriment pas correctement, ils prennent le risque de disparaître dans l'espace. Et sur Terre s'arrimer correctement revient à mettre toute son énergie dans le lien, idéologique par exemple.

Tant mieux pour eux ; ils n'auront pas à rechercher leurs lignes de survie abandonnées, ou même se raccrocher à quelque autre tendue par leurs agresseurs qui ont eux aussi besoin d'énergie nouvelle pour croître, sous peine d'en perdre beaucoup, à l'exemple du fugitif ex combattant djihadiste croisé dans le Hoggar. En tout cas ils auraient eu mille façons de glisser dans le trou définitivement.

Le butin lui s'en tirerait, aucun souci, les énergies primaires résistent aux trous noirs, il réapparaîtrait imprévisiblement un jour, sans que personne ne le cherche. Une piste vers les fontaines blanches ?

Et Matthieu, qui me conta ses déboires bien plus tard, dont la physionomie se rapprochait plus de l'imam que du soldat, à la demande des pillards méticuleux, Matthieu dut noter précisément l'historique du butin dont il avait la charge et la connaissance ; preuve que ceux-ci n'étaient pas dépourvus de conscience, un cran au dessus des bergers. Eh oui je sais ce n'est pas politiquement correct mais c'est un constat !

Le but de ce récit n'étant pas de raconter les aventures du couple de mes amis, je vous éviterai les détails inutiles dont ils pourront un jour écrire le palpitant roman. Pour ma part, je me contenterai, et je serais heureux si j'y parviens, de vous expliquer, vous faire réfléchir et comprendre par vous-même la magnifique limpidité des événements de la vie, de votre vie, grâce à toute la panoplie des lois de la nature, de la thermodynamique à la physique des particules, à travers l'état actuel de nos connaissances et vous rendre curieux de celles à venir.

Pouvoir stationner à bord d'un vaisseau en orbite donne une vision différente des activités terrestres, d'aussi loin on ne distingue pas tout, à moins de redescendre souvent sur terre, ce que je fais autant que possible mais avec de plus en plus de réticence ; voyez-vous on se retrouve vite addict au tri jouissif de nos travaux, de nos passions, de nos idées, de tout un fatras accumulé à la va-vite et à mettre au clair, ce pourrait être le treizième des douze travaux d'Hercule, il y succomberait ! Comprenez qu'il soit naturel, quand on a la tête dans les étoiles, de s'accoutumer à ce milieu comme on s'accoutume à n'importe quel autre milieu dans la vraie vie. La mécanique évidente des astres tout proches étant rapidement assimilée, il devient aussi naturel de tout voir du même œil et cette manière de voir devient vite le télescope de l'astronaute. En des temps plus reculés on appelait ça une tour d'ivoire, mais en ces temps là les connaissances scientifiques ne procuraient pas une visibilité parfaite à grande distance et donc le vaisseau spatial se résumait à une tour. Preuve que le besoin d'expansion a toujours existé ! Et grâce aux progrès de la science, vraiment nous sommes gâtés, un télescope fait aussi fonction de microscope et permet d'observer l'infiniment petit aussi bien que l'infiniment éloigné. Les lunettes du progrès ! Mais à chacun ses lunettes car on sait bien qu'il y a mille autres façons de voir les choses, à chacun la sienne, l'important étant de bien voir.

A chacune de mes descentes sur terre je retrouvais Marc un peu plus désemparé, visiblement son désir de retour aux sources primordiales ne se réalisait pas suivant ses vœux. Je tentai de le raisonner, il devait comprendre que sa famille s'était créée des liens avec son entourage, indépendants de ses propres liens avec elle ; cet entourage qu'il m'avait décrit comme un trou noir se révélait de forte emprise et il ne parvenait pas à en arracher tout son petit monde. Tâche irréalisable pour un élément solitaire tant qu'il ne s'est pas construit le vaisseau capable de tous les arrimer ; on l'a vu avec Aïcha ! Maintes fois je la lui citai en exemple, mais quel genre de vaisseau pouvait-il construire ? Je ne voyais vraiment pas. Il s'était investi dans un parti politique mais alors là, pour le coup, le vaisseau lui avait paru une véritable arche de Noé puis il avait déchanté car toute l'énergie qu'il y consacra se dispersa sans que jamais il ne quitte terre. Mais que ne sacrifierait-on pas à la cause commune ! On est un élément actif quand on s'active, ou plutôt ça nous donne l'impression d'être un élément actif. Si le résultat n'est pas au rendez-vous c'est la faute à personne, de toute façon on vit dans une société du gaspillage, c'est bien connu. Pourquoi ne retrouverait-on pas le même gaspillage qu'il est fait de l'argent public, fruit du travail des citoyens, au niveau énergétique ? A la réflexion éclairée par les expériences désastreuses de mon ami j'en déduis que les grands partis sont plus des trous noirs que des satellites. Des trous noirs absorbeurs d'énergie où ne subsistent que les énergies primaires, les pères fondateurs et leurs héritiers en sont les antiquités sahariennes ! Et quand ils ont enfin mis la main sur la finance, pourquoi la traiteraient-ils différemment ? C'est physiquement impossible !

D'où la controverse que certaines communautés d'intérêt, instituées sous forme de satellites refuges alimentés par l'énergie de leurs membres et pour leur bien commun, en prenant de l'importance se comportent en trous noirs dévoreurs d'énergie, leurs membres ainsi affaiblis s'y trouvent prisonniers et dans l'impossibilité de se créer d'autres attaches spatiales. Le vaisseau protecteur devenu trop puissant se transforme en trou noir prison ; la forme la plus aboutie en matière de protection de l'individu. L'explication physique est bien plus évidente sachant qu'un amas d'astéroïdes ou de molécules ou d'atomes, pour se stabiliser doit forcément croître car, comme nous savons que le monde est composé uniquement de quatre vingt douze éléments atomiques, nous savons que donc la stabilisation sera éphémère pour les plus petits agglomérats. Voilà pourquoi un agglomérat imposant absorbera aisément et sans perturbation les énergies des corps capturés.

Comment Marc pourrait-il donc utiliser à son profit sa propre énergie ? Déjà en posséder assez pour s'éjecter d'un trou noir est rarissime, et puis il lui faudra entraîner toute sa petite famille à sa suite, surcroît d'énergie avec risque de rupture des liens familiaux en sus.

Je ne fus pas étonné par la solution qu'il trouva, correspondant exactement au schéma universel : son désir de voler de ses propres ailes le porta vers d'autres cieux, moins doctrinaires que le parti et plus humains, cela lui fut possible grâce aux accointances reliant cette structure à celle de son parti. En effet l'association humanitaire qui l'accueillit était un satellite du monstrueux vaisseau spatial politique.

Les vaisseaux les plus importants se comportent en satellites, les satellites les plus importants se comportent en planètes ; ce qui se passe en politique. Et entre ces satellites et ces planètes, des échanges d'éléments favorisent le bon équilibre. Marc avait donc bénéficié de ces transferts d'énergie à but de stabilisation gravitationnelle.

Ouf ! La nature a plus d'imagination que moi, je n'aurais jamais imaginé cette sortie. Son but était atteint de se trouver un vaisseau à taille humaine qui permette à son énergie de les transporter, lui et sa famille, dans une aventure un peu plus spatiale, participer à l'expansion universelle et en ressentir les effets bénéfiques. Une simple question de taille après tout !

Remercions le ciel qui, par son impeccable mécanique, anime ses plus infimes composants dans le sens expansionniste et donc leur évite autant que possible les effets destructeurs de leur propre collapsus. Autant que possible mais non pas à coup sûr puisque même les étoiles en subissent les effets ; qui enflent démesurément avant de s'écrouler sur elles-mêmes dans un gigantesque remue-ménage d'explosions ensemençant l'univers de leurs particules libérées. De quoi nous inquiéter, nous qui faisons partie des plus petits éléments de la nature : que nous promet le collapsus des plus petites particules enfouies sous nos pieds dont la transformation donne par exemple du pétrole ? Collapsus en phase d'expansion uniquement comme nous le croyons ? Ce qui expliquerait ces jaillissements d'énergie pétrolifère en tout point de la Terre, que nous captons et transformons en d'autres énergies accroissant l'entropie de la planète. Collapsus d'une étoile mourante dont la dilatation avant effondrement provoquerait tremblements de terre et raz-de-marée ? Ce genre de questionnement devrait être résolu depuis belle lurette par nos scientifiques car il en va de notre survie ! De ce point de vue les scientifiques se font damer le pion par la nature dont les hasards de la création font que chez quelques éléments humains, l'assemblage moléculaire soit parfaitement en phase avec l'univers et leur permette d'avoir une vision universelle du monde. Un véritable miracle ! Et des prédicateurs nous annoncent les événements à venir avec la plus grande exactitude ! Malheureusement ces prédicateurs sont souvent des mystiques en liaison avec les religions et préfèrent énumérer les cent douze papes devant régner avant la chute de Rome que nous indiquer par quel moyen y échapper ! A chacun ses prérogatives dirait-on, les prédicateurs se comportent en annonciateurs de trous noirs et laissent donc le soin aux savants de les éviter. Cette complémentarité exprime une sorte d'aide tout à fait inespérée, révèle une entorse aux lois universelles laissant entendre qu'un bon dieu veille sur ses créatures ! Pourquoi pas un bon dieu au bout du tunnel ? Comme le gardien, le sourcier des fontaines blanches !

Retour en arrière : j'en étais à batifoler sur Terre, loin de mon vaisseau car je ne sais résister aux ivresses de la sève montante à chaque printemps, lorsque Matthieu se rappela à mon bon souvenir pour me conter ses déboires. Sa position de gardien de trésor lui ayant valu certains égards de la part de ses geôliers, à moi de contacter Aïcha dont il avait tu l'existence. Elle saurait où s'adresser. Je vous passe les explications à propos d'Aïcha que je dus contacter chaque jour ! Eh oui ! Les femmes sont soupçonneuses même envers un cosmonaute comme moi passant sa vie dans l'espace littéraire ! Bizarrement Aïcha fut de mon avis que Matthieu ne risquait rien, non pas pour des raisons d'incompatibilité atomique comme je le pensais mais pour des raisons à elle, dictées par le bon sens féminin, à savoir que les états se fichaient bien des antiquités volées et qu'elles finiraient entre les mains d'un collectionneur, donc que Matthieu serait libéré (ce qui ne tarda pas) ou, au pire, les accompagnerait comme garant de leur authenticité. Ca revenait au même en d'autres termes moins rigoureux.

Effectivement le gouvernement bien renseigné se préoccupa rapidement de récupérer ses soldats, les ravisseurs leur demandèrent expressément, ainsi qu'à Matthieu, de faire mine de s'être enfui au cours de l'attaque et d'envoyer le commando sur une fausse piste ; le temps pour eux de disparaître dans le paysage chaotique du Hoggar. Leurs étreintes furent poignantes ! Bah quelle que fut leur légitime appartenance ils se réclamaient tous du même prophète, du même vaisseau mère pourrait-on dire. Et lorsque je tenais comme une preuve de l'existence de Dieu l'ingénieux système de complémentarité entre mystiques et cartésiens, je n'imaginais même pas qu'Il pouvait être leur point commun. Un super vaisseau en somme autour du quel gravitent moult vaisseaux satellites. Nos soldats et nos pillards espérant le rejoindre, avec en prime leurs soixante-dix vierges. A chaque société ses motivations, la nôtre se contentant d'un paradis (moindres étreintes pour Matthieu) ; chaque particule utilisant une énergie inversement proportionnelle à la masse du vaisseau à rejoindre pour ce faire. D'où les différentes motivations.

A ce sujet, une observation en passant, les pratiques d'antiques religions exigeant le sacrifice d'êtres vivants, humains ou animaux furent le signe de leur collapsus : devenues énormes leur comportement (comme celui des grands partis politiques,) s'apparenta à celui des trous noirs, elles devinrent énergivores sans offrir de compensation. Energivores au point que leurs cosmonautes les grands prêtres alimentèrent sans retenue cette inflation (avant collapsion dans leur cas) de toutes les énergies possibles. Cela donne un petit goût de déjà vu au drame de l'extermination des juifs ; tellement d'énergie confisquée pour alimenter quel trou noir en perdition ? On se contente d'espérer qu'il s'agissait du Reich de l'époque puisqu'il disparut. Mais alors les grands prêtres mystiques seraient surpassés par d'obscurs physiciens ! Et avec quelle efficacité ! Là le signe de Dieu en prend pour son grade car aucun prédicateur n'est venu mettre un frein à la folie fratricide. A moins que Dieu soit bel et bien mort comme l'a annoncé Nietzsche ce qui lui fit prédire aussi, en physicien rigoureux, qu'un siècle de barbarie commençait et que les sciences seraient à son service. Quelle suite dans les visions ! Plus de frein aux progrès de la science, ça fait froid dans le dos.

Une autre possibilité que permettraient les fontaines blanches nous donne vraiment envie de croire en elles ; ce serait que l'énergie des membres exterminés de cette religion rejaillisse ailleurs sous forme donc d'une religion similaire. Serait-ce le moyen moderne utilisé par quelque Dieu disons, pour exporter ses préceptes ? Si l'on compare avec la fuite d'Egypte du même peuple qu'il a orchestrée, cela montre que ce Dieu est passé de l'échelle terrestre à l'échelle cosmique ! Il est donc lui-même soumis à l'expansion universelle ! Et à y regarder de près, Nietzsche L'a un peu vite enterré ; Il continue à ouvrir des tunnels (ou trous de ver) mais de dimension galactique. Cela expliquerait aussi le fait qu'Il n'apparaisse plus sur Terre depuis Moïse : car d'après les lois de la relativité générale (théorie de Stephen Hawking entre-autres,) rien ne pénètre un trou blanc (ou fontaine blanche). De là où Il se trouve maintenant il Lui est donc impossible de revenir. A-t'Il peur de la solitude pour avoir appelé vers lui son peuple élu ! Je trouve quand même la manière des camps de concentration un peu cavalière par rapport au peuple élu ! Mais ne nous en étonnons pas outre mesure, Il n'avait pas hésité jadis à persécuter les égyptiens des pires plaies et à ordonner le massacre du peuple ce Canaan pour arriver à ses fins. Comme on dit « les voies du Seigneur sont impénétrables » Là bas apparaît-Il à son prophète ? A la décharge de Nietzsche cela prouve qu'Il obéit aux mêmes règles que le reste du monde donc qu'Il ne peut pas en être le créateur. Je pencherais pour un extraterrestre supérieur œuvrant à un but mystérieux.

Dans un précédent ouvrage de sociologie (les processus d'élimination sélective) j'avais proposé une théorie expliquant l'abandon de la Terre par les Dieux, ils s'y trouvaient pourtant comme chez eux depuis la nuit des temps ! Pourquoi l'ont-ils désertée ? J'imaginais qu'un de ces êtres venus d'ailleurs, sans doute un supérieur hiérarchique, mit un jour le holà à ce qui pouvait être considéré comme une dispersion de leur patrimoine génétique ; car tous plus ou moins tombaient invariablement amoureux de belles terriennes qu'ils engrossaient. Craignit-il de se voir un jour détrôné par un de ces enfants surdoués vu la rapidité de leurs progrès ? Sans doute que oui puisqu'Il n'a pas hésité à faire périr cruellement, (à sa façon,) le dernier connu, Jésus aux pouvoirs extraordinaires !

Car, toujours d'après mon développement sociologique, ce sont uniquement les femmes qui, diffusant leurs patrimoines génétiques vers d'autres groupes, les font naturellement évoluer. Ce serait trop long à développer ici, n'étant pas le sujet du livre (lisez plutôt les processus d'élimination sélective.) Ainsi donc une transmission génétique importée des cieux par des dieux mâles, en violation avec les règles humaines, (encore une fois ce sont les femmes qui se chargent de propager l'évolution) ouvrirait la porte à d'autres mondes pour l'habitant de la Terre, un changement de condition ! (Qui sait si la graine des dieux ne nous a pas donné ces pouvoirs que n'ont pas nos frères mammifères ?)

De quelque manière que l'on tourne la question il avait raison (Nietzsche) car si ce ne fut le Reich qui collapsa, ce fut la religion dont il se disait. Et s'il collapsa ce fut que cette religion l'était déjà (depuis l'inquisition ou autre épisode énergivore sanglant).

La voilà l'explication à la fringale d'énergies que d'autres religions manifestent ; elles sont en phase d'atteindre leur état de collapsus irréversible avant que de se fondre dans le halo énergétique sidéral.

Bonne nouvelle mais en présageant que la rigueur -à tirer les leçons du passé- des scientifiques saura remplacer les prédications des mystiques bien démunis sans leurs vaisseaux de religieux.

Le trésor dormait à présent dans une grotte inaccessible du Hoggar, ce qui valait bien un musée, mais je lui prédis un séjour éphémère pour la raison déjà évoquée que des énergies primaires en phase de s'éjecter d'un trou noir sont bien la preuve que le dit trou noir est en train de disparaître ; comme une étoile en fin d'effondrement.

Et s'il ne tombe pas entre les mains de fanatiques iconoclastes, peu probable dans cette région, il réapparaîtra un jour derrière les vitrines d'un musée ou d'un collectionneur mais pas avant longtemps car ses receleurs actuels ont trop peur des esprits pour les provoquer par un marchandage.

Le vaisseau Aïcha s'était avéré assez solide pour extirper son petit monde du Sahara, il les transporterait assez loin sans problème. Après l'heureux dénouement de cet épisode à haut risque Matthieu reprit sa place dans la campagne de fouille des Aurès de façon définitive. Leurs découvertes furent alors envoyées directement aux musées concernés

Je pouvais continuer peinardement mes petites recherches bien à l'abri dans mon vaisseau, ouf ! Je n'avais pas eu besoin de l'abandonner pour voler au secours de mon ami puisque tout s'était déroulé comme dans un exercice de physique. Avec quand même un pincement au cœur dans le sens que je trouvais dommage pour un chercheur de pouvoir faire entièrement confiance à sa trouvaille ; malgré que ce soit une consécration cela donne un goût de fin de tâche, un sentiment de désœuvrement. Encore une expression du collapsus qui se révèle !

Ce sentiment fut encore plus renforcé quand je mis entre parenthèses mon existence de chercheur ermite pour jouir du temps libre que me laissaient des travaux quasiment aboutis. Par compassion autant que par passion mon amie avait enfin accepté de venir faire un petit séjour interplanétaire dans mon vaisseau et je m'amusais de la voir feuilleter un tas de documents tous plus intéressants les uns que les autres ; enfin à mon avis. Car à observer certaines de ses mimiques dubitatives je finis par réaliser que mon télescope personnel, tellement perfectionné pour l'observation de la Terre à distance, avait un peu faussé ma vue de près et que j'étais devenu à peu près bigleux, ne distinguant que les gros caractères de mes archives. Le reste, le détail instructif, je l'imaginais suivant mon point de vue et le peu de souvenir que ma mauvaise mémoire me rappelait. Evidemment cela tournait souvent à mon avantage, c'est à dire à la mise en avant de mes théories. Rien de plus qu'un signe de vieillissement somme toute, l'expérience des vieillards revenus de tout qui en ferait des sages ! Qu'une femme amoureuse se penche sur eux, laissant entrevoir la profondeur de son décolleté et adieu sagesse ! Le genre de gros titre qui ne pardonne pas ! Mais la belle liseuse aura tôt fait de leur déchiffrer le reste du texte en tout petit et tout rentre dans l'ordre. Je comprends mieux la solitude des ermites, le père Foucauld vieillissant saintement dans son Asskrem, passées les tempêtes de sa jeunesse ; apparemment je n'avais pas encore la sagesse des anciens, un peu d'espoir !

Vivre à deux c'est accepter de revoir tout son dispositif d'éclairage, sentimental entre autres. Le mien reposait sur des bases inébranlables et pourtant je le voyais varier comme lors d'une panne de réseau EDF, revoyons un peu ces bases assez solidement ancrées en Terre pour propulser sans faillir un vaisseau mais qu'un pas féminin faisait vibrer. La théorie des talons aiguilles !

Un corps gracile impulsant mille fois plus d'énergie vers le sol en ondes attractives qu'un corps plus lourd ; ceci grâce à la pointe fine du talon aiguille qui concentre au maximum cette énergie. Jusqu'à ébranler les plus épaisses fondations. Décidément l'intelligence féminine permettra toujours à nos compagnes de tirer un meilleur parti de leurs atouts.

A y regarder de plus près, après avoir chaussé les lunettes que l'âge avancé rend indispensables, je fus bien obligé d'affiner mes théories. Tant pis si cela risquait de déstabiliser mon vaisseau, après tout rien n'est éternel, et surtout pas un vaisseau spatial contrôlé par un cosmonaute aux manœuvres approximatives. A lui de redresser la barre s'il tenait à durer. Ma passagère d'amour en perturbant le bel équilibre gravitationnel tirait donc de sa torpeur le cosmonaute assoupi par l'inaction, lui évitant de courir à la catastrophe ; je dus l'admettre. Serait-ce une des manifestations de la complémentarité des éléments instables de la nature ? Non contents de se stabiliser en s'agglomérant ils en deviendraient plus vrais, enfin plus vrais, je veux dire plus intègres ?

Les plus petites particules intègres connues sont les atomes, du grec atomos : insécable, indivisible. Composés d'un noyau rempli de nucléons, c'est à dire de neutrons et de protons électriquement positifs autour duquel gravitent des électrons négatifs. Il y a exactement le même nombre de protons que d'électrons dans un atome, il est donc électriquement neutre. A l'image d'un couple homme / femme, exacte réplique du très léger atome d'hydrogène, le composant des étoiles et du Soleil ! Il faut le dire ! La similitude avec le vaisseau spatial ne s'arrête pas là car si le cosmonaute peut être considéré comme le proton d'un noyau, ce noyau peut être aussi composé d'un neutron, le vaisseau spatial lui-même puisqu'il fixe son proton de cosmonaute. La compagne électron gravite autour d'eux de façon aléatoire ; c'est bien cela qui fausse la compréhension des lois universelles auxquelles les astres obéissent rigoureusement dans un bel ensemble indépendamment de leur taille. Et là, chez l'atome, le plus petit des systèmes planétaires, on trouve un électron se permettant toutes les fantaisies. Jusqu'à pénétrer le noyau atomique auquel il appartient et qu'il peut traverser sans encombre : comme la compagne du cosmonaute traverse son vaisseau quand bon lui semble ! Les couples sont donc plus proches des atomes que des planètes en terme de fonctionnement ! Pour en comprendre le comportement rien de moins nécessaire alors que la mécanique quantique ! Et encore je suis optimiste car la physique quantique ne donne que des probabilités de comportement, des probabilités non nulles tout de même.

La vie, même d'un cosmonaute est donc plus proche de celle des petits éléments que de la galaxie et sa progression, au sens de l'expansion universelle n'est pas évidente. Un autre clin d'œil d'un possible créateur : vous avez croqué la pomme de la connaissance donc vous ne participerez pas à l'inflation universelle. Un sacré geôlier ! On regrette qu'il ne soit pas mort !

Une loi, qui nous est propre celle-là, fait que les choses que l'on apprécie le plus sont celles que l'on comprend et à l'évidence l'état de cosmonaute n'était pas incompatible avec les va et vient d'une passagère imprévisible. Nul besoin d'abandonner son vaisseau pour le cosmonaute en recherche de nourritures terrestres, il pouvait croquer toutes les pommes de la Terre sans que son vaisseau en soit affecté, de belles perspectives d'explorations en vue !

Hélas encore bon nombre de conceptions n'ayant pas évolué depuis Galilée redoutent l'intersection de l'atome féminin avec le noyau, religieux par exemple, ignorant que celui-ci, le noyau, essentiellement rempli de vide ne peut fixer un électron même le traversant. Les lois de la nature sont bien faites ! Comment en douter vu que nous en sommes le fruit ; et le fruit des connaissances les plus récentes le confirme, alors pourquoi ne pas vivre en harmonie avec elles ?

Le gros avantage pour moi fut que, n'aillant plus à abandonner mon vaisseau pour partager une vie amoureuse je pus me consacrer beaucoup plus à mon petit cercle d'amis. Ils ne m'avaient pas attendu pour continuer leur course inflationniste et je rattrapais un Marc métamorphosé par ses nouvelles attaches spatiales ; le vaisseau humanitaire l'ayant accueilli dopait sa volonté de se rendre utile. Enfin il n'était plus en bute aux sarcasmes et aux réflexions désobligeantes de ses relations ; qui n'avaient jamais été dirigées contre lui, soit dit en passant, puisque c'est en toute amitié que ce genre de confidences était échangé. Simplement il faisait partie d'un groupe social ultra conservateur et donc était assimilé à cent pour cent par ce groupe xénophobe au possible. Normal car cela répond aux lois de base d'association des atomes rendant impossible la greffe d'un antagonisme à un corps composé. Cet aggloméré expulsant magnétiquement tout atome ne lui ressemblant pas il était inimaginable qu'il puisse même penser différemment que le groupe, sous peine, un jour ou l'autre, de se voir expulsé à son tour sans plus de ménagement que tout étranger tentant une approche amicale.

Une façon de s'esquiver, certes pas très honorable, mais après tout il s'en fichait bien des idées des autres, il lui importait simplement que ses enfants aient un meilleur exemple tout en vivant dans le monde qui était le leur ; il n'avait pas à faire de choix pour eux.

Ses nouvelles activités lui prenaient pas mal de temps car, comme tout nouvel arrivant au sein d'un groupe, il y était un peu mis l'épreuve pour tester ses possibilités ; il entra ainsi en relation avec les plus démunis de son secteur, ceux que la vie n'avait pas épargnés et ceux qui avaient tout fait pour. Alors Marc commença à parler comme un sociologue, on se comprenait mieux ! Un peu excessif toutefois, grisé par ses nouvelles expériences, il m'expliquait les pires cas, donnant son absolution aux moins excusables. Attention de ne pas te faire rouler dans la farine par des plus malins que toi ! Je le mettais quand-même en garde. Car ce serait un miracle que les atomes disparates de ses miséreux ou de lui-même créent un corps stable.

C'est justement leur misère qui les rassemble ! Et je dois faire mon possible pour lutter contre elle. Il ne comprenait pas que je lui parle encore en astronome, que je l'avertisse de la puissance attractive des trous noirs, que je comparais à la misère noire. Tant mieux car il aurait alors découvert qu'un atome comme lui ne pourrait jamais provoquer le collapsus d'un trou noir, que c'était physiquement impossible ! En usant du langage de sociologue qu'il comprenait bien maintenant je parvins quand-même à le prévenir que les trous noirs digéraient toute les énergies qu'ils pouvaient capturer, sans faire de différence entre elles ; qu'il risquait d'y user la sienne et qu'à la disparition du trou noir, comme c'était le but de son action, elle se retrouverait transformée en halo céleste, rien de plus !

Non je n'allais pas lui parler de l'espoir que représentaient les trous blancs ! Déjà qu'il n'écoutait pas les plus basiques raisonnements scientifiques !

Bizarre cette aptitude à mieux comprendre le langage incertain des sentiments qu'une incontestable démonstration scientifique ! Notre côté enfant du Seigneur, le cœur plus gros que la tête. Et puis je n'ai pas la prétention de détenir la science exacte ! L'instinct de Marc est sûrement meilleur juge que mes pseudos théories.

Ayant repris les commandes de mon vaisseau gravitant gentiment en régime de croisière et nullement perturbé par ma passagère imprévisible maintenant que j'en connaissais le principe, je prêtai un peu plus d'attention à mes amis et survolai régulièrement les Aurès. Faute de pouvoir y atterrir nous communiquions grâce aux efficaces sémaphores des temps modernes. Le trésor disparu et l'école abandonnée ne les encombrant plus, je me fis la remarque qu'ils se retrouvaient eux aussi en toute autonomie dans leur vaisseau de chercheurs ; dans leur cas Matthieu y tenait le rôle d'électron imprévisible et Aïcha trouvait ça très bien, elle était d'accord avec moi, le vaisseau n'en était pas affecté et, vu sa taille bien supérieure au mien, elle m'apprit que de nombreux autres électrons gravitaient dans celui-ci. Evidemment leurs diverses natures n'avaient rien à voir avec l'électron affectif Matthieu. Elle se trouvait entourée de chercheurs, historiens, archéologues, collectionneurs plus ou moins officiels et même de scientifiques égarés. Détrompe-toi lui dis-je, ils te semblent égarés et sans doute eux-mêmes se demandent pourquoi ils se mêlent de ce genre de recherches mais le jour où tu te retrouveras dans le cul de sac du domaine du possible en matière de recherches, c'est eux qui, d'un coup de baguette magique, le feront exploser.

Bah ! Elle croyait plus au labeur de chaque jour pour dégager les couches de sédiments. L'innocente légitimité de l'Inquisition, le même état d'esprit qui força Galilée à abjurer. Je ne lui en dis rien.

Ses soucis venaient plus de son électron d'amant que des autres ; il s'était mis en tête de faire réintégrer par l'école abandonnée le chargement d'antiquités enlevé. Sans grand espoir il avait envoyé des signaux à ses ex ravisseurs et par miracle des signaux avaient répondus.

C'est alors qu'il parla à Aïcha de son projet. Elle était à moitié convaincue par ses promesses de confier le tout, une fois réuni, aux autorités locales qui se chargeraient sans lui du musée réapparu ; sa place n'étant plus là bas il en convenait.

A partir du jour où le contact fut établi avec les receleurs, il se désintéressa des fouilles et s'éloigna des Aurès à la moindre occasion, que ce soit pour aller chercher du matériel ou du ravitaillement, accompagner des visiteurs ou explorer d'autres sites, bref, le seul lien assez solide pour le relier encore au vaisseau de sa savante de femme était bien l'affectif. Chaque soir il racontait abondamment sa journée en oubliant de prendre des nouvelles de son propre chantier. Aïcha les lui donnait sans laisser paraître sa contrariété et il ne remarqua rien quand elle cessa de le faire. Quelquefois ses occupations le retenaient plus que prévu à l'extérieur mais à présent c'était devenu une habitude pour lui que de joindre sa femme par téléphone. Il vivait le plus souvent à l'extérieur du vaisseau, prolongeant plus que de raison ses escapades terrestres, comme je l'avais fait moi-même à certaines époques tumultueuses. Surmontant sa fière pudeur féminine, Aïcha m'avait confié ses craintes de le perdre et je m'étais empressé de la rassurer puisque j'avais connu ça moi aussi. En d'autres termes je lui expliquai le besoin d'abandonner quelquefois la ligne de vie nous reliant à un vaisseau, le besoin de retrouver des repères terrestres, renouer avec l'origine d'avant notre expansion, que le risque de se laisser entraîner par ce trou noir était infime pour celui dont l'énergie était suffisante pour l'avoir hissé jusqu'à bord d'un vaisseau spatial. Seul danger pour lui, ne pas retrouver son filin de survie là où il l'avait laissé car un vaisseau même stationnaire est indépendant de la Terre. Je conseillai donc à Aïcha de ne rien entreprendre qui puisse le déstabiliser, (je pensais au vaisseau et elle imagina Matthieu,) continuer ses fouilles en l'ignorant et alors il aurait peur, comme j'avais eu peur, de s'être égaré trop loin du filin pour le retrouver. Car que devient une énergie trop forte pour être absorbée par un puits d'énergie mais pas assez pour reprendre son inflation ? Elle va s'user dans cette double lutte et finira inéluctablement au fond du puits ; tout être sensé le sait et donc en tremble de peur. Aïcha avait peur et moi, j'étais confiant dans la résistance de son filin amoureux et aussi dans son comportement d'électron désordonné, un électron gravite autour de son noyau et il ne sera capturé que par un autre noyau désireux de compléter ou d'équilibrer sa composante électrons ; et je ne voyais pas quel noyau pouvait s'intéresser à Matthieu ? Moi-même, hier encore, ayant abusé de mes atterrissages hasardeux, plus que lui, j'avais toujours échappé aux tentatives de capture comme un vulgaire électron fou ; et étais toujours parvenu à retrouver mon cordon de vie. Matthieu n'est pas assez fou pour t'abandonner ; je la rassurai.

Mais encore et toujours, elle appelait à l'aide et je re-re-remettais en garde Matthieu contre ses démons. Il avait trouvé un accord avec les receleurs du trésor et ceux-ci le restitueraient à condition d'être amnistiés par le gouvernement. Matthieu n'avait pas les connaissances nécessaires et chargea Aïcha de le faire. Un électron ne sera jamais assez puissant pour influencer même un atome, alors à plus forte raison un corps aussi lourd qu'un gouvernement ! Peut-être que le vaisseau Aïcha avec beaucoup de chance ! La particule Matthieu se révélait bien être un électron, un électron libre même, capable de s'unir à d'autres noyaux ; à ne surtout pas sous-estimer en tant qu'élément négligeable car autant en physique il intervient dans toutes sortes de rayonnements et d'effets, en chimie il devient fondamental  participant à tous les types de réaction comme l'élément primordial des liaisons entre molécules.

Juste retour des inégalités de la nature : le moins puissant de ses composants est capable d'engendrer les plus impressionnants phénomènes. L'effet papillon comme on dit ; le plus inexistant des hommes, l'ermite du Hoggar balayant des siècles de ténèbres archaïques par le rayonnement incontrôlable de sa foi, le trader des temps modernes où l'argent a détrôné Dieu au niveau de l'idolâtrie, d'un simple clic, déclenchant une réaction en chaîne propre à balayer un empire financier. Donc dans la réalité, l'électron, tout désordonné et impuissant qu'il soit peut générer aussi bien un trou noir (financier dans l'exemple) ou une expansion mystique. Enfin la vision d'une possibilité réaliste sur l'origine des collapsus !

Matthieu l'électron, faisant avancer ma science, échappait au domaine de mes prévisions ; impossible de comprendre clairement quel phénomène il pourrait bien provoquer, dans l'état de mes connaissances ! Je n'en dis rien à Aïcha.

Je me rendais compte que le capitaine d'un vaisseau spatial, comme je le suis, enfermé dans son élément complexe bravant les forces collaptrices, ne possédait plus ce pouvoir de l'électron que j'observe de près chez ma compagne, d'influencer autant que faire se peut le cours des choses. Paradoxalement la connaissance, tremplin vers l'expansion, serait un bon isolant à l'activité, je ne dis pas à l'action car on peut très bien entamer une action sans y être directement impliqué, par procuration comme l'ont fait certains grands théoriciens des révolutions (Jean-Jacques Rousseau, Karl Marx, Engels, etc.) évidemment grâce aux liens avec leurs adeptes désireux de partager leur vaisseau spatial, leur monde idéal.

Je me rendis compte par la même occasion que le cosmonaute que je suis, devant revêtir un scaphandre autonome pour s'aventurer hors du vaisseau lors de ses excusions terrestres, ne pensait pas à l'ôter une fois sur Terre. Le détacher de sa ligne ne libérait que du vaisseau, garder le scaphandre c'était comme rester entre deux mondes : le vaisseau et la Terre, hors des deux. Effectivement, décidant de le quitter dès l'escapade suivante, je retrouvai une liberté d'action oubliée. Le problème dans la vie est que l'on accumule des connaissances sans prendre le temps d'apprendre à les employer à bon escient. S'il n'y a pas de mode d'emploi standard, si c'est à chacun de trouver le sien, c'est bien que nous sommes des électrons désordonnés, et le scaphandre autonome discipline l'électron, l'enferme et lui évite d'être capté par quelque atome étranger à compléter. Sachant cela et en connaissance du risque, on n'a pas d'autre choix que de se présenter sans protection face à la vie si on veut en faire partie, activement.

Ma compagne fut enchantée du renouveau, nous aurions d'autres enfants ! Et pourquoi pas nous installer comme bergers non plus ? Le retour à la terre (c'était le cas de le dire) tant qu'on y était ! Holà ! Il y a mille autres activités possibles tout de même, du calme ! Je ne comptais pas laisser les toiles d'araignées envahir mon scaphandre non plus.

Marc de son côté s'en sortait bien pour un électron fou, le social lui convenait à merveille et captait toute son énergie, un petit inconvénient que sa famille lui reprochait. Il tentait de contenter les deux et ne pouvait pas prendre les vacances que je lui conseillai alors. Bon il était comme moi finalement, simplement lui expliquer que, si détacher la ligne de vie en fin de semaine ne suffit pas, il peut aussi quitter son scaphandre ne serait-ce que pour ses activités familiales. Bien vu ! Car plus tard je comprendrai que le sien était devenu sa prison. En attendant il lui procurait une euphorie tellement excessive qu'elle en devenait suspecte.

On ne la fait pas à un vieux cosmonaute comme moi ! Lui tirant les vers du nez j'appris qu'il s'était associé au recteur de la mosquée de sa ville. Pour votre gouverne, il n'avait pas déménagé, sa famille n'y tenant pas et l'évasion spationautique suffisait à son épanouissement. Bien entendu le recteur aidait aussi les plus démunis et tous deux groupaient donc leurs efforts dans ce même sens. La louable cause devint dès lors plus facile à défendre ; comme par enchantement les fonds ne lui manquaient plus ; grâce aux prières des fidèles ? Il s'était engagé par dépit sur une voie qui s'avérait royale, les prévenances de ses nouveaux amis remplaçant les médisances des anciens.

Je lui demandai de changer d'urgence un scaphandre à l'évidence trop ample pour lui puisqu'il y cohabitait avec l'imam, en voilà une nouvelle conception de la cosmonautique ! Elle n'est pas prévue pour ça, l'imam avait déjà son propre scaphandre et son vaisseau ; normal que deux vaisseaux aux objectifs communs communiquent, ils sont assez puissants pour échanger de leurs énergies, mais il n'est pas indispensable que leurs éléments se colonisent. Comment allait réagir le vaisseau de Marc devant l'afflux inexplicable d'énergie que celui-ci lui envoyait ?

Si une propriété intéressante de l'électron libre est bien de pouvoir s'associer à un autre atome, sa contre-partie moins réjouissante est qu'il peut aussi être capturé par un autre atome. Encore une fois la base déstabilisante d'un grand équilibre cosmique provient bien de la plus petite de ses particules et cela passe inaperçu car le mécanisme amplificateur met évidemment un temps infini avant de donner des résultats spectaculaires.

Ma théorie du scaphandre/atome/cellule inviolable en prenait pour son grade. Le garder sur soi empêchait bien toute activité terrestre au cosmonaute mais ne l'isolait pas des atomes à proximité. En fait il y serait comme une proie offerte, un appât mais dans quel but ?

Le résultat ne se fit pas attendre et, quelques escales plus tard, je retrouvai mon ami embarqué dans le vaisseau islamique ; avec nouvelle femme et nouvelle apparence, réjoui d'avoir trouvé sa voie après une longue errance. Que dire de plus, je n'avais rien vu arriver malgré mes certitudes. L'électron qui avait déjà muté par le passé d'une nature vénale à une nature plus généreuse, devenait maintenant mystique vu qu'il avait été capté par un atome de nature mystique ; les élémentaires lois de la chimie ! Il était plus qu'évident que je devrais creuser encore pas mal la question si je voulais y voir un peu plus clair dans ce monde.

Retour dans mon vaisseau tour d'ivoire la queue entre les jambes et en grand besoin d'affection stabilisante. Cure de jouvence prodiguée par mon infirmière préférée, rien de tel que les trajectoires excentriques de deux électrons folâtrant pour oublier l'inhumain ordonnancement qui nous enchaîne dès que franchi le pas vers l'échelon supérieur atomique. L'essence de l'être humain est bien la liberté au sens de l'électron qui se fiche des lois de la gravitation et de son appartenance atomique dans le tableau de classification périodique des éléments établi par Mendeleïev.

Les tribulations de mon ami Marc m'apportaient plus, malgré leur absence d'explication, que ma laborieuse expérience expansionniste. Le principe était le même qu'il s'agisse de nos modernes sociétés multinationales ou des religions les plus archaïques. Leur expansion dans l'espace temps au même rythme que le reste de l'univers les rendant de plus en plus isolées dans cet univers elles ont besoin pour exister et ne pas disparaître dans un éblouissant oubli, de proliférer et remplir de leur présence cet espace temps. Une véritable colonisation spatiale ! Dont le moteur est le simple électron désordonné qu'il suffit de capter pour changer la nature de son élément d'appartenance. Le tour est joué ! Si des éléments se créent d'autres disparaissent donc et l'homogénéisation s'accélère. Une chance que les distances entre les éléments planétaires s'accroissent au même rythme, cela rend plus difficiles les captures d'électrons. Jusqu'à les rendre impossibles. Mais alors pourquoi certains vaisseaux laissaient se balader leurs cosmonautes au vu et au su de tous les autres, en faisant des proies idéales ? Angélisme suicidaire ou piège machiavélique ?

Le scaphandre autonome tout comme la navette spatiale qui permet, elle, de transporter un plus grand nombre de passagers, sont des créations humaines et il ne faut pas perdre de vue que toute création humaine est susceptible d'être utilisée à plus ou moins bon escient. Par exemple par un vaisseau désirant se débarrasser à bon compte de ses éléments de moindre valeur. Sous le prétexte fallacieux de partager des molécules de sa propre composition ou bien suite à la demande d'autres vaisseaux. Probable puisque le scaphandre autonome ou la navette permettent même aux éléments les plus faibles de s'extraire de leur champ d'attraction planétaire originel. Une invention qui permet donc bien des abus, c'est grâce à elle que certains docteurs Folamour, toujours en avance pour détourner à leur profit les progrès technologiques, n'hésitent pas à l'utiliser à grande échelle. Par exemple pour changer les caractéristiques énergétiques d'une société jugée trop peu docile à leur gré il suffit d'y importer massivement de faibles énergies incapables de se rebeller. Voilà qui arrange tout le monde ! Un exemple d'homogénéisation par le bas puisqu'il dégrade le rapport énergétique du vaisseau récepteur sans nuire à un vaisseau donneur où les faibles énergies sont en surnombre. C'est dans ce but que la révolution industrielle succéda aux sanglantes révolutions politiques. Elle permit, grâce à la création des premières navettes : grands paquebots, trains, avions etc. le déferlement d'impressionnantes vagues migratoires, entraînant entre-autres une baisse dramatique du niveau socioculturel. Il faut bien le dénoncer mais par bonheur, scientifiquement parlant, c'est la couche dite de valence (la plus éloignée du noyau) de l'atome, qui capte les électrons faibles dont elle est exclusivement composée. Et les électrons qui y gravitent ont toutes les chances de se faire capturer par le premier corps approprié passant à proximité. Depuis lors on observe la formation de ces couches de valence sous diverses formes, par exemple les banlieues défavorisées ou autres zones précaires, gravitant à la périphérie des atomes que sont les métropoles, toujours très loin de leur noyau. Espérons que l'action humaine artificielle sera vite annihilée suivant les lois immuables de la physique quantique universelle.

Et alors même que Marc glissait vers le trou noir religieux Matthieu glissait vers le trou noir saharien. Ses démarches pour récupérer le trésor, malgré la mise à contribution de l'influente Aïcha, ne donnant rien, il ne trouva rien de mieux que de se rendre en personne à la rencontre des receleurs. Bel optimisme ! En voilà encore un de ces cosmonautes agités comme des leurres ; pas de doute dans son cas, il était une proie désignée plus qu'un leurre. Même les liens affectifs ne l'avaient pas retenu, Aïcha en perdait la raison, délaissant les fouilles des Aurès et son vaisseau de chercheuse estimée elle monta une petite expédition à sa recherche. J'attends encore ses instructions en cas de problème. Serait-ce qu'il n'y a eu aucun problème ? Impossible puisque l'école est restée fermée, le trésor n'a pas réapparu et d'après les échos le couple d'archéologues continue ses recherches quelque part dans les massifs du Hoggar. Je me jurai de les y rejoindre dès que possible  pour en avoir le cœur net. Mais voilà une éternité que les autorisations sont suspendues et que je n'ai plus de leurs nouvelles.

Ayant confié mes craintes à Marc, quelle ne fut pas ma surprise d'apprendre peu de temps après, par sa bouche que mes amis avaient été chargés de remettre à leur place originelle les objets qu'ils avaient rassemblés. Ne rien tenter et après, ils seraient libres. Décision prise par une commission de soi-disant savants, Marc n'en savait pas plus mais je le félicitai sur ses sources, des relations de son ami l'imam.

Ma crainte était de voir le trou noir les engloutir irrémédiablement, ils en avaient bien pris le chemin ! Marc était plus optimiste mais ne se rendait pas compte à quel point il subissait lui aussi la même menace. Comment de tels trous d'énergie pouvaient à ce point communiquer, et quelles-étaient donc leurs liaisons ? Spatiales je voulais dire, encore et toujours ma manie de tout vouloir comprendre. Sans doute ces fameux tunnels !

Un amas diffus d'électrons gravitant autour de trous noirs sans y disparaître signifie qu'ils ont été expulsés lors de la désintégration d'une étoile s'affaissant. Un trou noir stellaire donc. Il est le résultat de l'effondrement d'une étoile en fin de vie, comme notre Soleil dans x millions d'années. Mais elles-mêmes, les étoiles, en s'effondrant peuvent former d'autres systèmes stellaires ; ainsi le système solaire se serait formé à partir d'une nébuleuse solaire.

N'allez pas chercher plus clair (sic !) on appelle ça une nébuleuse. Rien que le terme donne froid dans le dos !

Nébuleuse du latin nebula (nuage), est un objet céleste composé de gaz ionisé et de poussières interstellaires, ou uniquement de l'un des deux. Avant 1920 le terme désignait tout objet du ciel d'aspect diffus, il s'agissait souvent de galaxies éloignées ; grâce au télescope californien Hooker, E Hubble a fait le distingo.

Un éternel recommencement, décomposant des étoiles en molécules pour en créer d'autres ; les diverses mouvances humaines en étaient le reflet sur Terre, mes amis en étaient les électrons qu'absorbaient et rejetaient tour à tour des atomes élémentaires eux aussi soumis au même va-et-vient créateur etc. etc. une infinité de possibilités de combinaisons pour aboutir à un résultat immuable. Le miracle de la création est bien que jamais un enfant ne sera identique, ni à ses parents ni à aucun autre enfant.

Le cosmonaute dans cet univers se révèle tenir le rôle, peu enviable, de proie facile, électron expulsé par un affaissement il ne saurait échapper au premier atome croisé. Exactement à l'opposé du rôle d'explorateur des espaces qu'il s'était donné, mais le cosmonaute en aura conscience bien trop tard, quand il lui sera devenu impossible de faire demi tour.

J'avais espéré dans l'excitation que mes tonnes de documents, mes intuitions géniales (sic !), mes découvertes fabuleuses (sic !) me feraient un jour graviter avec les étoiles ; j'en avais pris le chemin, préparé le bagage, noté bien des adresses où envoyer des cartes postales de ce paradis, le voyageur était paré à décoller ! Et maintenant que j'avais entrevu la perspective du sort immuable que l'univers réservait à ses particules, voilà que j'en étais presque soulagé ! Trou noir pour trou noir, le mien ou ceux de mes amis, nous étions dans une immense nébuleuse.

Je désertai mon vaisseau qui ne s'en porta pas plus mal pour autant ; les paroles s'envolent et les écritures restent dit-on, en fait les écritures s'envolent aussi mais plus loin, qui sait jusqu'où ? Elles sont aussi nos enfants et comme eux leurs vies échappent à leurs pères.

Il me restait la jouissance des jours heureux que l'on partage égoïstement à deux par peur de disparaître. Un atome un peu plus complexe, à deux électrons, est difficilement déstabilisé, ses électrons solidement liés, un petit pas vers la composition d'atomes complexes. Un premier pas suffisant pour la plupart d'entre nous, mais notre espèce est jeune, on peut penser qu'elle a encore bien d'autres pas à franchir, nos enfants s'en chargeront.

Je n'eus plus de nouvelles de mes amis archéologues, Marc n'en apprit rien de plus et je m'habituai à ma nouvelle vie de bâton de chaise. J'avais pris place dans la nébuleuse humaine, poussière en suspension expulsée de son vaisseau planète, ce fut le résultat pitoyable d'une expérience spatiale qui en valait bien d'autres. Enfin, d'après ce qu'elle m'avait appris.

Et puis un jour, au cours de cette interminable errance spatiale que devient une vie sans but, des poussières que je connaissais réapparurent, échappées du trou noir saharien ; les deux électrons ayant rempli leur mission de restitution à l'oubli étaient libres à présent de reprendre le cours de leur vie. Mais entre temps leur vaisseau d'archéologue avait disparu faute de pilote à bord. J'avais surestimé sa puissance, il n'avait pas résisté à l'attraction terrestre et, parmi les nombreux électrons qu'il abritait, nuée de moucherons voletant autour d'une source de lumière, aucun n'avait su le piloter.

Allez savoir si ces électrons là n'étaient pas de simples leurres qu'agiterait le grand trou noir saharien pour coloniser puis lui attirer les vaisseaux chargés d'énergie gravitant autour de lui. On en connaissait de ces exemples d'expéditions menées sous les lumières de la civilisation et qu'épuisèrent vite les nuées vrombissantes et fascinées, leurs os blanchissent dans les sables du désert. Il reste encore, comme des avertissements, quelques vestiges de leurs fortins, tardant à disparaître alors que rouillent déjà les vestiges modernes d'installations abandonnées au désert par des sociétés industrielles disparues elles aussi. A propos, les industriels aventurés au plus profond du trou noir ont disparu plus rapidement que les empires coloniaux et eux-mêmes plus rapidement que les vestiges de l'occupation romaine, limités aux bandes côtières, preuve que leur défiance du Sahara leur a assuré des siècles de présence avant d'y succomber. Preuve aussi des limites énergétiques du trou saharien.

Et les nuées virevoltantes, ivres de lumière s'en sont allées harceler les plus lointaines. Bah ! Un simple effet d'aspiration temporelle dû à la déformation de l'espace temps aux abords des trous noirs, une queue de comète appelée à disparaître dans l'espace, les moucherons finissant par se brûler les ailes à la flamme même d'une bougie.

Ô Combien l'imagerie spatiale sait expliquer nos comportements ! Les sociologues modernes, ayant intégré les progrès scientifiques de tout genre, ne sont que les avatars ignorés des astrologues, je parle des vrais astrologues, comme Nostradamus, nourris des découvertes de l'astronomie, maya, arabe, égyptienne, chinoise, indienne, chaldéenne, tibétaine ou occidentale, une vraie science universelle. Les plus vieux horoscopes connus datent de 410 av. J-C et viennent de Babylone. Chaque civilisation a élaboré le sien, tous les chemins mènent à Rome ! Les prédicateurs, chamans et autres sorciers divinatoires y cherchaient leurs dieux, aujourd'hui les astronomes, les origines du monde. Mais la course n'est pas finie, qui sait quelles surprises elle nous réserve ?

Les traces du crash, vestiges épars et documents envolés, qui attendaient mes amis dans les Aurès, sur le lieu des fouilles, le confirmèrent. Eux aussi, tout comme moi, avaient surestimé leur œuvre, ils hésitaient à présent sur l'intérêt à la poursuivre.

L'emprise cosmique, éternellement, rassemblerait ses électrons humains les plus égarés puisque les contacts entre mes divers amis s'intensifièrent alors même que nous errions tous, sans but, dans l'immense nébuleuse. A la manière dont se créent de nouvelles planètes, de nouvelles étoiles, par l'assemblage de molécules fragiles cimentées par quelques électrons en manque de stabilité. Marc lui-même s'était trouvé abandonné de ses amis humanitaires ; la contamination de son scaphandre protecteur par l'imam ayant déclenché le processus de protection du vaisseau contre un éventuel assaillant. Depuis Homère on se méfie de tout cheval de Troie potentiel ! Marc dans son scaphandre s'était retrouvé flottant dans l'espace, liaison coupée d'avec son vaisseau. Pour faire rapide, l'imam s'épuisant à maintenir sous pression le scaphandre de Marc s'aperçut vite que le fruit de ses efforts se dissipait dans le cosmos par la ligne de vie rompue. Il cessa donc de l'alimenter et par là même la contamination se dissipa. Une belle image pour éviter de complexes explications, on devient vite adepte aux démonstrations scientifiques, elles sont tellement évidentes !
Suite à ses déboires il retrouva femme et enfants, le rôle de père de famille lui allait comme un gant ! Voyez-vous lorsqu'une particule, autant humaine qu'atomique soit-elle, possède des propriétés l'apparentant à la fois à l'électron et au noyau, il y a de grandes chances que sa

véritable nature soit le noyau, l'électron virevoltant et disponible ne serait qu'un leurre agité devant d'autres électrons en vue de leur capture. Le père, noyau de la famille, crée ainsi autour de lui un ensemble dépassant sa famille originelle dans le but de la stabiliser et consolider. Facile à comprendre ! Quant à l'agglomérat que nous formions entre tous, comment savoir de quel noyau il était né ? Ce qui nous liait, l'élément caractéristique de ce corps atomique, était celui là même des trous noirs en disparition que nous avions fréquentés, nos moitiés et nos enfants aussi, mais par alliance ce qui atténuait la nature de l'élément tout en le stabilisant ; et nos autres amis qui n'avaient rien à voir là dedans se chargeaient de diluer complètement le caractère initial du regroupement. C'est par ce mécanisme du collapsus que se forment les corps célestes, n'est-ce pas que cela ressemble aux battements d'un cœur ? Un cœur au rythme lent, création d'astres, expansion puis effondrement, infiniment plus lent que le cœur humain mais qui doit bien s'user lui aussi ! Le pouls de l'univers ou le pouls de Dieu ? On peut tout imaginer mais nous nous étions regroupés loin de ces considérations dont je n'osais plus faire part à mes amis vu qu'elles n'avaient jamais donné de résultats concrets par le passé.

Depuis le retour parmi nous de Matthieu et Aïcha nous parlions souvent de ce proche passé à la façon des souvenirs, exagérant sans doute son côté aventureux et mystérieux ; sans prendre garde que la magie opérait sur notre entourage. Et une excursion fut organisée dans ce Sahara mythique. Impossible de se défiler pour le scientifique éclairé que j'étais toujours et que n'enchantait pas la promenade au cœur d'un trou noir, certes moins turbulent que par le passé mais toujours autant trou noir à mes yeux. Ne soyons pas parano ! Impossible de calmer l'enthousiasme des exarchéologues, depuis qu'ils s'occupaient de petits boulots de traduction et de diverses contributions, les spécialistes qu'ils étaient devenus s'ennuyaient un peu et en un rien de temps ils organisèrent le voyage.

Un groupe d'électrons pleins d'énergie folâtrant sur les lieux mêmes où certains d'entre eux avaient justement usé tant d'énergie en vain. Cela n'inquiétait que moi !

Je ne prétends pas être doué de pouvoirs extra-lucides mais le malaise que je ressentais dès le départ ne cessa de s'accentuer et je dus faire des efforts pour le mettre de côté. L'imperceptible murmure prenant de l'ampleur je crus bien avoir trouvé la source d'où les prédicateurs d'avenir et autres visionnaires tirent leur pouvoir. Les nuits claires, fixant le néant, je percevais lueurs et rumeurs des cataclysmes et ouragans cosmiques déchirant notre nébuleuse, tout se passait là haut dans les étoiles, au dessus de nous pendant que nous cheminions contraints d'observer précautionneusement où poser nos pieds dans les éboulis du désert. Un moyen du trou saharien pour détourner l'attention de ses futures proies ? En collaboration avec le soleil interdisant de fixer le ciel. Un vrai dieu celui-là, interdisant le regard de l'homme ; et les hommes soumis regardent le sol en sa présence, il leur reste la faible lueur des étoiles pour voir le monde mais la plupart, qui, le soir, tombent de sommeil ignoreront toujours de quoi ils sont les jouets, ce qui anime leur existence. Un soleil encore plus puissant ici que partout ailleurs, et les nuits les plus limpides aussi, le message saharien est clair : son trou noir ne vous cache rien de ses intentions, les étale même au grand tableau de ses nuits, et vous pousse à le fuir sous les flèches d'un soleil implacable. Cosmologique message on ne peut plus clair dont nous n'avions cure, les uns exaltés de retrouver intactes leurs anciennes traces dans le sable et les autres que subjuguait le mystère des lieux grandioses. Et moi qui me brûlais les yeux à fixer les cieux enflammés à l'affût du moindre signe. Hélas je ne savais interpréter le vol des rapaces et les rares vieillards, présumés remplis de sagesse, que nous rencontrâmes se contentèrent de sourire à mon questionnement, refusant de partager cette pratique de la magie qu'ils maîtrisent à merveille. Attention ! Les pouvoirs expansionnistes qu'ils distribuent sans restriction comme ceux de rendre l'affection ou de provoquer l'amour ont leur pendant collapsique : la bien-nommée magie noire, inspirée par et orientée vers les trous noirs. La grande concentration de chamans de tout poil que l'on trouve à leurs abords est la preuve incontestable que c'est bien là leur fonction première. Le tout est de ne pas se laisser endormir par les pétales de roses pleuvant à profusion pendant qu'ils opèrent leur charme collapseur.

Ils me le disaient simplement : à moi de déchiffrer les signes que je voyais passer sans y rien comprendre ; et à mon avis ils n'en savaient guère plus que moi, il leur était simplement impossible de se sortir de leur trou noir natal grâce à un quelconque vaisseau qu'ils étaient incapables de se créer. Leur posture mystique affichait une belle façade en trompe l'œil pour cacher le néant.

Ayant rejoint les massifs du Hoggar, point culminant des aventures de nos deux archéologues, et l'école abandonnée, point de départ d'icelles, nous nous installâmes là pour nous poser quelques jours, le temps de randonner parmi les éboulis grandioses de ce paysage cataclysmique propice à l'exaltation des sentiments et exacerbant mes visions. En contre-partie le collapsus offrait des nuits magiques et mon amie bonne marcheuse sous le soleil se révélait noctambule insatiable, à vous donner envie de rester là jusqu'à la fin des temps ! et le groupe unanime manifestait le même désir. Inutile de leur expliquer le mécanisme collapsique amorcé par le Sahara : exaltation mystique du plus haut niveau dans l'enfer des jours et abandon sans limite aux pires paganismes nocturnes ; ils en avaient humé l'essence et s'en enivraient sans limite. L'homme aime vivre dangereusement, il ne se sent jamais plus vivant que quand le battement de son cœur s'accorde aux battements du collapsus. Et hélas, leur intensité est amplifiée, piège grossier, à la proximité immédiate des puits d'énergie. Comment éviter d'y tomber ?

Je n'eus pas à me torturer l'esprit à chercher la scientifique solution qui, la vie ayant plus d'imagination que nous, se présenta candide comme une fleur.

Une jolie demoiselle en effet se révéla une fois qu'elle eut ôté les voiles protégeant du soleil, sosie d'Aïcha avec quelques années de moins. Les quatre interactions fondamentales étant la gravitationnelle, l'électromagnétique, la forte et la faible, chacune d'elles agissant avec plus ou moins de conséquences, la rencontre des éléments Aïcha et sa sœur devait logiquement perturber le corps stable que formait notre équipe. Quant à savoir avec quelles conséquences, il aurait fallu déjà comprendre laquelle des quatre les avait réunies et cela demandant du temps, c'est au vu des conséquences que je comprendrai le phénomène et donc trop tard pour les éviter ou au moins les atténuer. Ne soyons pas alarmistes ! En général et en les considérant toutes deux en électrons comme le sont la plupart de nous, l'attraction électromagnétique suffit à les rassembler sans dégagement excessif d'énergie ; par contre leur extraordinaire ressemblance me contrariait un peu plus, car il est connu que chaque particule possède son antiparticule, pour un électron il s'agit d'un positron mais je n'ai pas connaissance que les puits d'énergie favorisent la création de positrons. De toute façon si tel était le cas, la rencontre des jeunes filles produirait une forte énergie, telle celle produite par les expériences de physiciens faisant se rencontrer particules et antiparticules de matière au sein des accélérateurs. En fin de compte on obtient une paire de photons gamma, le rayonnement gamma est classé parmi les plus agressifs en physique nucléaire et, tiens donc comme c'est bizarre ! Les sources de rayons gamma dans l'univers, sous forme de jets relativistes, résultent des événements les plus violents produits par les trous noirs super massifs (blazars).

Démonstration en creux laissant à penser que du trou noir saharien peut donc très bien jaillir de l'antimatière ; le pendant d'Aïcha. Ces vues ne concernant que moi elle fut la bienvenue. Si la rencontre d'un électron et de son anti-électron produit un rayonnement gamma, celui irradiant des deux sœurs était plus plaisant, le bonheur de leurs retrouvailles baignait notre groupe. Abandonnant le programme de nos visites nous accompagnâmes alors Aïcha désireuse de découvrir la nouvelle famille de sa sœur, des éleveurs nomades cheminant vers des pâturages connus d'eux seuls. Chacun de leurs nombreux passage avait été l'occasion pour la jeune femme d'une visite à l'école abandonnée dans l'espoir d'y retrouver son aînée, espoir dont elle n'avait douté qu'il serait un jour exhaussé car sinon, pourquoi le destin lui aurait-il permis de retrouver sa piste ? Evidemment dit comme ça ! En fait elle obtenait les mêmes certitudes que moi mais sans avoir recours à de laborieux raisonnements scientifiques. Et si c'était là le but ultime de toute recherche, le savoir spontané, inexplicable et infaillible, un sixième sens perdu à retrouver, l'Eden d'où furent chassés Adam et Eve coupables d'avoir voulu comprendre ?

Quand je croisais le regard candide de la jeune fille je n'y trouvais qu'une infinie confiance, que lisait-elle dans le mien pour le soutenir aussi longuement, un monde opposé, concurrent du sien ?

Le campement rapidement rejoint, l'accueil y fut chaleureux et la même ambiance de bonheur continua à flotter. Je fus rassuré car c'est une tribu de braves gens qui nous ouvrait les bras, Aïcha y découvrit un beau-frère aussitôt fasciné par cette belle-sœur aussi jolie que savante et toujours sans enfant, comme tombée d'une autre planète ! Je fus doublement rassuré car la réunion des deux sœurs s'avérait inoffensive et donc était simplement celle de deux électrons. Quand on sait que de la matière rencontrant de l'antimatière produit une énergie mille fois plus puissante que l'explosion nucléaire on est soulagé de savoir cette hypothèse écartée ! Moi qui en étais déjà à imaginer une quelconque nébuleuse terroriste du Sahel en effervescence rejetant de l'antimatière à tout va.

Ce fut pour moi un moindre mal que de me voir chargé, en pleine nuit, par Aïcha d'annoncer aux autres et à mon ami Matthieu en particulier qu'elle venait de trouver où était sa place, ici près de sa sœur, sur le sol de ses ancêtres. Coupant court à mes reproches sur la manière dont elle prenait la fuite, pointant l'index vers le ciel extraordinairement illuminé d'étoiles :
« -Tu le savais bien puisque c'est écrit là haut et que ma sœur l'a lu dans tes yeux.
-Il y a longtemps que je ne sais plus que croire vois-tu, mais je croyais encore en l'amour, c'est dommage.
-Ca aurait pu être pire, garde ça pour toi mais quand j'ai rencontré Matthieu j'étais la seule rescapée d'une bande de révolutionnaires tombée dans un traquenard.
Lui ayant exposé la théorie de l'antimatière dont j'avais maintenant des doutes quant à son appartenance, je menaçai de la dénoncer au moindre soupçon.
-J'aurai vite fait de savoir si tu es mêlée à quoi que ce soit, libre à toi de disparaître dans un trou noir fut-il celui de tes ancêtres mais pas d'en servir les basses œuvres.

La science est un humanisme et son but est le bien commun malgré qu'elle soit souvent mal utilisée. Je ne pouvais que la prévenir.

-Ne t'inquiète pas j'ai le projet de fonder une famille et j'ai rencontré un jeune homme ici, le coup de foudre ! Matthieu comprendra. »

Elle allait procréer ! Grâce au pouvoir attractif que génère la similitude des éléments procréateurs en présence ; et se fondre dans ce trou noir du Sahara, par similitude des éléments aussi ? Et si tout cela obéissait à un processus de procréation à une autre échelle, engagé pour donner naissance à qui, où, quand ?

Bizarrement je n'eus pas droit à une pluie de reproches quand j'expliquai pourquoi le camp avait été déserté durant la nuit, aux autres et en particulier à Matthieu. Celui-ci s'attendait à ce genre de dénouement, ils étaient allés très loin tous les deux par la force de leur amour et puis, l'amour disparu, les voilà retournés à leur point de départ. Est-ce ainsi que vivent les hommes ? Au rythme du collapsus de leurs sentiments, et le rythme de leurs sentiments suivrait celui du collapsus de leurs univers respectifs, étoiles et trous noirs compris, en inflation ou s'affaissant. Voilà à quoi peut bien répondre la recherche spatiale : à l'humain besoin de quitter la condition terrestre d'électron soumis à toutes sortes de forces étranges, au besoin de contrôler un peu mieux sa propre existence, d'être un peu plus son propre créateur, son propre dieu tout puissant.

Matthieu fut donc le moins étonné de nous tous.

Mes théories ne m'avaient pas permis d'éviter à la vie de se dérouler à sa guise mais je continuai à leur faire confiance et, après une superbe démonstration sur les dangers guettant un électron libre de disparaître au fond d'un puits d'énergie, comme notre amie Aïcha l'illustrait bien, je leur annonçai que je repassais mon scaphandre de cosmonaute pour reprendre place à bord de mon vaisseau spatial abandonné et tant mieux si je devais disparaître un jour en lumière cosmique, autant ça que de participer à l'enthalpie planétaire déjà en zone rouge.

Faute de preuves je ne dis mot de cet infime espoir qui hantait mon esprit avec insistance. De plus en plus je me persuadais du rôle régénérateur des trous noirs expulsant leurs proies vers d'autres univers ; les fontaines blanches pourraient même être l'échelle cosmique de ce qu'est la semence humaine.

Reste à découvrir la matrice géante, pourquoi pas un trou noir et la boucle serait bouclée.

Voyez comme le même processus se répète tout en s'amplifiant, transformant en une même belle spirale, du minuscule fossile de nautile aux immenses galaxies.

Heureuse perspective pour les mortels que de rejaillir dans l'inconnu !

Le bémol dans cette perspective serait que Dieu, n'étant pas vraiment Dieu maître de l'univers, mais soumis aux lois universelles car étant passé, comme on l'a vu, de l'échelle humaine à l'échelle cosmique ; serait suffisamment en avance sur pour rester, à cause du phénomène expansionniste, éternellement hors de notre portée. Semblable à ces galaxies ayant déjà atteint une vitesse supérieure à celle de la lumière, et que nous ne verrons jamais !

Mais tous les espoirs sont encore permis !

Ce faisant, rien d'héroïque, car je vis mes amis m'imiter, Matthieu compris. Je m'apercevais un peu tard que notre instinct est fort capable, après un rapide bilan de nos compétences, de nous indiquer la bonne décision à prendre.

Pour ma part, je repris le cours de ma petite « grande œuvre » personnelle qui seule permet de ne pas finir dans le cul-de-basse-fosse d'un puits d'énergie quelconque, quitte à en être expulsé de force. Mais cela tout le monde l'a compris !

*Du même auteur :*

| | |
|---|---|
| Les processus d'élimination sélective | 2012 |
| Carnet de voyage : Les Sahraouis | 2011 |
| Carnet de voyage : Les Sahraouis (première version) | 2009 |
| Les processus d'élimination sélective (première version) | 2008 |
| Camille ou l'émancipation d'un ange | 2007 |
| Poèmes épisodiques | 2005 |
| P….. d'histoire | 2004 |
| Le syndrome d'Antigone | 2002 |
| L'absolution selon saint François | 1999 |

Contacts : editionswalou@sfr.fr

ISBN  979-10-90850-19-4

# Quid du Cosmonaute ?

A travers l'histoire d'un cosmonaute, ce roman met en évidence les grands principes scientifiques universels qui dictent leur loi aux terriens que nous sommes et nous dévoilent Dieu lui-même.

Car, si le cosmonaute fait partie de l'Univers et obéit aux mêmes lois que celui-ci, à l'éclairage scientifique, Dieu lui-même n'en serait pas exempt.

Ainsi chacun de nous est le cosmonaute de son propre univers, explorant la Terre avec l'espoir d'en découvrir les trésors et au risque de n'y trouver rien qui vaille, il peut aussi s'y perdre et errer sans but.
Avec ou sans l'aide de Dieu, compagnon de galère, pour se donner du courage!

J-L S

Editions Walou

editionswalou@sfr.fr

www.ingramcontent.com/pod-product-compliance
Lightning Source LLC
Chambersburg PA
CBHW021437170526
45164CB00001B/286